Bioquímica
do corpo humano

FUNDAÇÃO EDITORA DA UNESP

Presidente do Conselho Curador
Mário Sérgio Vasconcelos

Diretor-Presidente
José Castilho Marques Neto

Editor-Executivo
Jézio Hernani Bomfim Gutierre

Superintendente Administrativo e Financeiro
William de Souza Agostinho

Assessores Editoriais
João Luís Ceccantini
Maria Candida Soares Del Masso

Conselho Editorial Acadêmico
Áureo Busetto
Carlos Magno Castelo Branco Fortaleza
Elisabete Maniglia
Henrique Nunes de Oliveira
João Francisco Galera Monico
José Leonardo do Nascimento
Lourenço Chacon Jurado Filho
Maria de Lourdes Ortiz Gandini Baldan
Paula da Cruz Landim
Rogério Rosenfeld

Editores-Assistentes
Anderson Nobara
Jorge Pereira Filho
Leandro Rodrigues

COORDENAÇÃO DA COLEÇÃO PARADIDÁTICOS

João Luís C. T. Ceccantini
Raquel Lazzari Leite Barbosa
Ernesta Zamboni
Raul Borges Guimarães
Carlos C. Alberts (Série Evolução)

FERNANDO FORTES DE VALENCIA

Bioquímica do corpo humano

as bases moleculares do metabolismo

COLEÇÃO PARADIDÁTICOS
SÉRIE EVOLUÇÃO

© 2013 Editora Unesp

Direitos de publicação reservados à:
Fundação Editora da Unesp (FEU)
Praça da Sé, 108
01001-900 – São Paulo – SP
Tel.: (0xx11) 3242-7171
Fax: (0xx11) 3242-7172
www.editoraunesp.com.br
www.livrariaunesp.com.br
feu@editora.unesp.br

CIP-Brasil. Catalogação na publicação
Sindicato Nacional dos Editores de Livros, RJ

V247b

Valencia, Fernando Fortes de
   Bioquímica do corpo humano: as bases moleculares do metabolismo / Fernando Fortes de Valencia. – 1. ed. – São Paulo: Editora Unesp, 2014.
   il.; 21 cm. (Paradidáticos)

   ISBN 978-85-393-0515-5

   1. Bioquímica. 2. Saúde. I. Título. II. Série.

14-10085   CDD: 612.015
                                            CDU: 612.015

Editora afiliada:

A COLEÇÃO PARADIDÁTICOS UNESP

A Coleção Paradidáticos foi delineada pela Editora UNESP com o objetivo de tornar acessíveis a um amplo público obras sobre *ciência* e *cultura*, produzidas por destacados pesquisadores do meio acadêmico brasileiro.

Os autores da Coleção aceitaram o desafio de tratar de conceitos e questões de grande complexidade presentes no debate científico e cultural de nosso tempo, valendo-se de abordagens rigorosas dos temas focalizados e, ao mesmo tempo, sempre buscando uma linguagem objetiva e despretensiosa.

Na parte final de cada volume, o leitor tem à sua disposição um *Glossário*, um conjunto de *Sugestões de leitura* e algumas *Questões para reflexão e debate*.

O *Glossário* não ambiciona a exaustividade nem pretende substituir o caminho pessoal que todo leitor arguto e criativo percorre, ao dirigir-se a dicionários, enciclopédias, *sites* da Internet e tantas outras fontes, no intuito de expandir os sentidos da leitura que se propõe. O tópico, na realidade, procura explicitar com maior detalhe aqueles conceitos, acepções e dados contextuais valorizados pelos próprios autores de cada obra.

As *Sugestões de leitura* apresentam-se como um complemento das notas bibliográficas disseminadas ao longo do texto, correspondendo a um convite, por parte dos autores, para que o leitor aprofunde cada vez mais seus conhecimentos sobre os temas tratados, segundo uma perspectiva seletiva do que há de mais relevante sobre um dado assunto.

As *Questões para reflexão e debate* pretendem provocar intelectualmente o leitor e auxiliá-lo no processo de avaliação da leitura realizada, na sistematização das informações absorvidas e na ampliação de seus horizontes. Isso, tanto para o contexto de leitura individual quanto para as situações de socialização da leitura, como aquelas realizadas no ambiente escolar.

A Coleção pretende, assim, criar condições propícias para a iniciação dos leitores em temas científicos e culturais significativos e para que tenham acesso irrestrito a conhecimentos socialmente relevantes e pertinentes, capazes de motivar as novas gerações para a pesquisa.

SUMÁRIO

APRESENTAÇÃO **9**

CAPÍTULO 1
Nutrindo bem a célula, nutrindo bem o corpo **13**

CAPÍTULO 2
A força do corpo em movimento **37**

CAPÍTULO 3
Molécula saudável, corpo saudável **69**

CAPÍTULO 4
Bioquímica dos distúrbios alimentares
e da obesidade **100**

GLOSSÁRIO **117**
SUGESTÕES DE LEITURA **120**

APRESENTAÇÃO

Você já deve ter ouvido várias vezes que o melhor caminho para uma boa saúde é a alimentação natural, variada, rica em frutas e verduras. Mas nem sempre é fácil identificar quais são os benefícios de uma alimentação balanceada. Muitos de nós frequentamos os *fast food*, com irresistíveis carnes e queijos, nos rendemos às batatas fritas e aos copos (cada vez maiores) de refrigerante e *sundaes* de sobremesa; e, mesmo assim, parecemos pessoas com saúde normal. Não é incomum, além do mais, associarmos alimentação saudável a posições contrárias à tecnologia, a comunidades alternativas, isoladas, distantes de qualquer centro civilizado. Tais impressões, porém, são errôneas. Nem a boa alimentação obriga uma mudança radical do estilo de vida, nem a saúde dos que adotam o estilo de alimentação *fast--food* é real, principalmente quando levamos em conta a qualidade de vida após os 40 anos. Infelizmente, a ciência ainda não conseguiu convencer grande parte da população dessas verdades. Talvez faltem canais eficientes de comunicação entre a comunidade científica e a sociedade, ou talvez para que compreendamos e aceitemos a relação direta entre bons hábitos alimentares e saúde precisemos percorrer o mesmo caminho extenso que a ciência trilhou para chegar a tal descoberta. Esse percurso é uma história de moléculas, um relato sobre o comportamento de proteínas, lipídeos, carboidratos, ácidos nucleicos, vitaminas, minerais; e sobre a miríade de transformações que sofrem, como modificam ou são modificadas, em organismos normais e em organismos mutantes, em indivíduos saudáveis e em doentes. Um trajeto cheio de siglas e abreviações para nomes às vezes estranhos e de difícil pronúncia. Para percorrê-lo são necessários veículos, ou seja, as técnicas, a linguagem, as estratégias e os argumentos usados pelos pesquisadores ao tirarem conclusões, os quais, via de regra, não fazem parte da formação da população em geral. Com tais veículos descobrimos as transformações que as moléculas do nosso corpo sofrem – o nosso metabolismo – e quais seus pontos de ligação com o ambiente. Ao nos familiarizarmos com eles, quer dizer, quando tiramos a "carteira de habilitação", podemos nos envolver nos mecanismos e nos "porquês" de cada transformação, e vislumbrar a lógica e as observações experimentais por trás de cada conclusão. Uma vez que desenvolvemos a habilidade para transitar por traçados bioquímicos, tornam-se mais compreensíveis, aceitáveis e convincentes as afirmações sobre o poder da dieta saudável, rica em frutas e verduras, ou sobre o perigo provocado pela obesidade. Tornam-se também mais claros os sintomas de uma moléstia causada por um agente infeccioso, a origem de uma doença genética, os efeitos do exercício físico regular ou a base da linguagem e da aprendizagem, já que todos esses fenômenos, como todo o comportamento humano, têm uma base bioquímica, isto é, possuem sempre uma explicação molecular.

O objetivo deste livro é levar o leitor ao mundo das moléculas que compõem nossas células. Falaremos sobre nossas necessidades nutricionais, sobre como aproveitamos os alimentos, como os transformamos em "energia" e sobre o que é "energia" para o organismo vivo. Discutiremos sobre por que precisamos do oxigênio, sobre como o exercício nos faz gastar mais "energia" e, ao mesmo tempo, como aumenta nossa capacidade de produzi-la. Falaremos sobre doenças como diabetes, malária, fibrose cística, câncer, doença da vaca louca e, no final, sobre os mecanismos de regulação do apetite e complicações da obesidade. Em cada um desses tópicos procuraremos manter o nível de aprofundamento numa abordagem que, por um lado, evita detalhes complicados e, por outro, destaca o conceito fundamental, recupera a ideia básica e intuitiva, sempre encarando o desafio da linguagem molecular. Esperamos ser bem-sucedidos nessa tentativa. Como a riqueza de aspectos do funcionamento do nosso corpo é estonteante, o sucesso que almejamos será tanto maior quanto maior for, daqui para a frente, o seu interesse em buscar livros-textos de bioquímica. Esperamos que você tente sempre encontrar neles e nas publicações científicas especializadas o respaldo para tudo o que se diz e se escreve sobre os fenômenos do nosso corpo.

■

1 Nutrindo bem a célula, nutrindo bem o corpo

Alimento é só energia?

Compare as duas refeições abaixo e escolha a mais saudável:

Refeição 1
    250 gramas de arroz, 200 gramas de feijão, 1 bife a cavalo, 50 gramas de farofa – 1 refrigerante e 1 pedaço de bolo de chocolate de sobremesa.

Refeição 2
    250 gramas de arroz, 200 gramas de feijão, 1 bife de frango, 2 folhas de alface, 1 tomate, 4 rodelas de berinjela e ½ cenoura picada, regados com azeite – 1 suco de laranja e 1 manga de sobremesa.

Você certamente escolheu a segunda refeição como a mais saudável e completa. Mas se olhar novamente perceberá que as duas devem ter aproximadamente mesma quantidade de *carboidratos* (do arroz, feijão, farinha de mandioca, verduras e legumes, da laranja e da manga, do refrigerante e da farinha de trigo das coberturas e recheios do bolo), mesma quantidade de *proteínas* (do feijão, ovo, bife e frango) e mesma quantidade de *gorduras* (no bife, no frango e nos óleos usados para as frituras e a salada). Os carboidratos, proteínas e gorduras são chamados de *macronutrientes orgânicos*. São, juntamente com a água, as substâncias que ingerimos em maior quantidade diariamente e de onde vêm 100% da energia de que necessitamos – 80%, aproximadamente, originados de carboidratos e gorduras. Eles fornecem também a matéria-prima para a construção das nossas células, tecidos e órgãos. Sob o aspecto de fornecimento de macronutrientes orgânicos podemos dizer, *grosso modo*, que as duas refeições se equivalem. No entanto, você está absolutamente certo ao considerar a segunda como a mais saudável por pelo menos três motivos:

1) frutas, legumes e verduras são fontes ricas de magnésio, que juntamente com a água e os íons fósforo, sódio, potássio, cálcio e cloreto formam o grupo dos *macronutrientes inorgânicos*, todos indispensáveis ao nosso corpo;
2) alface, berinjela, tomate, cenoura, laranja e manga são ricos em certos tipos de carboidratos não digeríveis, chamados de *fibras vegetais*, que facilitam, entre outros efeitos benéficos, a movimentação da massa alimentar pelo trato digestivo;
3) encontramos nas frutas, verduras e legumes da segunda refeição várias substâncias orgânicas de baixa massa molecular, ou seja, moléculas formadas por poucos átomos, chamadas de *vitaminas*, indispensáveis para que os macronutrientes forneçam energia ou formem eficientemente as estruturas celulares.

Nossa necessidade por vitaminas mostra que não bastam alimentos ricos em energia (como arroz ou bacon): precisamos ser capazes de aproveitá-los, de fato. Também não são suficientes para o crescimento e a manutenção dos nossos tecidos alimentos como carnes, leite e ovos: precisamos ser capazes de incorporar eficientemente as substâncias fornecidas por eles. Aí entram as vitaminas. Elas não podem ser sintetizadas pelas nossas células a partir de outras substâncias e por isso têm de fazer parte da alimentação. Muitas delas são encontradas apenas em alimentos de origem vegetal ou são destruídas pelos processos de cozimento aos quais os alimentos de origem animal são normalmente submetidos. Embora precisemos de pequenas quantidades de cada vitamina, a deficiência de qualquer tipo provoca doenças graves como beribéri, pelagra, anemia, cegueira noturna e escorbuto.

Vamos ver por que o perfeito funcionamento do nosso corpo depende das vitaminas. O exemplo do escorbuto.

Os navegadores, o limão e o escorbuto. Introdução às propriedades das biomacromoléculas

Quando se iniciaram as grandes navegações no século XV, muitos marinheiros permaneciam durante meses em caravelas cruzando oceanos ou margeando as costas da África, movidos pela esperança de encontrar terras com riquezas inexploradas e novas rotas de comércio para o Oriente. Levavam, além de esperança e ambição, o medo de tempestades e de calmarias, de piratas e de monstros mitológicos. Tirando os últimos, todos os outros eram perigos reais, prontos a destruir o sonho dos conquistadores. Mas a maior ameaça permanecia oculta e, durante quase quatrocentos anos de navegação, vitimou mais marinheiros que todos os outros perigos juntos. Essa ameaça era o escorbuto. Os médicos da tripulação, muito embora não soubessem como se defender, sabiam identificar bem o ataque desse inimigo: começava com queixas insistentes de cansaço por parte da tripulação, amenizado apenas quando os marujos permaneciam deitados e imóveis. Muitos se viam prostrados, com intensas dores musculares, como as de músculos submetidos ao esforço extremo; as articulações inchavam; as gengivas se tornavam púrpuras e intumescidas, sangrando ao mais leve toque; as raízes dos dentes ficavam frouxas e estes caíam. Surgiam feridas úmidas na pele, por onde um sangramento insistente corria, expandindo as úlceras e transformando-as em gangrena; as dores se tornavam cada vez mais fortes e as febres, diarreias e convulsões anunciavam o fim que vinha súbito, como uma parada cardíaca. Centenas de milhares de marinheiros perderam a vida assim. Tão devastadora era a chaga que o sucesso nas grandes navegações e nas guerras, e portanto o próprio desenvolvimento de aspectos importantes da história entre os séculos XV e XVIII, talvez tenha sido influenciado pela competição por novos mercados e pela estratégia e coragem dos comandantes e tropas tanto quanto pela resistência dos exércitos e armadas ao escorbuto. Impressionante também no escorbuto é que a solução, de tão simples, é quase mágica – se todo marinheiro pudesse ter complementado sua tradicional ração de carnes e biscoitos de trigo com *uma laranja ou um limão frescos por dia, o escorbuto nunca teria surgido.*

Curiosamente, já no século XVI havia desconfianças de que algo associado à alimentação provocava o escorbuto e suspeitava-se especificamente que frutas cítricas e verduras eram importantes para evitá-lo. Mas também se desconfiava de agentes infecciosos inexplicáveis, do mau ar de lugares distantes e desconhecidos, de hábitos mundanos e lascivos aos quais marinheiros e soldados se entregavam, da suposta carga hereditária das classes sociais mais baixas e outras superstições que entravam em pé de igualdade e ocultavam a verdadeira causa da moléstia. Tal confusão dificultou o hábito de se levar e sempre repor nas viagens marítimas e nas expedições o suprimento de verduras e frutas cítricas frescas, e prolongou assim o suplício do escorbuto. Só em meados do século XVIII a situação começou a mudar. O médico inglês James Lind, que trabalhava para a esquadra britânica, esquematizou uma estratégia objetiva de análise e pôs em prática um procedimento precursor dos modernos experimentos científicos – escolheu doze marinheiros acometidos de escorbuto, separou-os em *seis grupos* de *dois indivíduos* e testou a capacidade de *seis diferentes complementos alimentares* em reverter os sintomas. Os complementos escolhidos foram:

a) vinagre;
b) água do mar;
c) cidra;
d) uma solução de sulfatos de vários metais conhecida por vitriol;
e) uma mistura de elixires populares na época que tinham *status* de poções curativas;
f) limões e laranjas frescas.

Resultado: apenas os marinheiros alimentados com as *frutas cítricas frescas* apresentavam melhoras marcantes. Como desdobramento dessas pesquisas, mais de cem anos depois, em 1865, foi elaborada na Inglaterra uma lei obrigando os navios a levarem frutas cítricas frescas para toda a tripulação. Aquela data definiu em favor dos homens a guerra secular contra o escorbuto. Hoje em dia o escorbuto surge principalmente em situações de emergência, acompanhando catástrofes e flagelos climáticos que se abatem sobre populações de países pobres.

Mas o que há nas verduras e frutas cítricas de tão importante? Dentre as milhares de substâncias diferentes que existem numa laranja ou num limão, qual ou quais delas são as fundamentais e por que o são? Estamos querendo saber com isso *qual o princípio ativo das frutas cítricas contra o escorbuto* e em que processos do nosso corpo ele está envolvido.

Essa pergunta teve que esperar até o início do século XX, mais especificamente o ano de 1933, quando o cientista húngaro Albert Szent-Györgyi descobriu que um composto ácido isolado por ele cinco anos antes a partir de preparações de frutas também era capaz de evitar o desenvolvimento de sintomas típicos do escorbuto em porcos-da-índia alimentados com uma dieta sem frutas ou verduras frescas. Aqui surge um importante ponto da estratégia de pesquisa em bioquímica. Desde aquela época a ciência já havia adotado o uso de animais para testes que, por razões éticas, não poderiam ser realizados com seres humanos. Essa prática poderosa continua hoje um dos alicerces da bioquímica experimental. Tais animais são chamados de animais-modelo. São para o cientista que estuda o funcionamento do corpo humano mais ou menos o que a maquete é para o engenheiro. Existem atualmente à disposição dos bioquímicos animais-modelo para vários tipos de doença, como por exemplo estirpes de camundongos que comem ininterruptamente, chegam a pesar cinco vezes mais que o normal e, assim, podem ser usados para estudar as consequências da obesidade; ou camundongos que desenvolvem doenças neurodegenerativas sempre que atingem a maturidade e podem ser usados para descobrirem causas e curas de doenças neurodegenerativas humanas, como o Mal de Parkinson e o Mal de Alzheimer. O porco-da-índia pode ser um animal-modelo nesse caso porque ele desenvolve sintomas típicos do escorbuto quando alimentado sem verduras ou frutas cítricas, assim como nós humanos (na verdade, o porco-da-índia é um dos poucos mamíferos não primatas com tal característica). Szent-Györgyi verificou que a substância ácida por ele descoberta evitaria o escorbuto se adicionado à dieta dos porcos-da-índia, do mesmo modo que as frutas e verduras frescas. Deu-lhe por isso o nome de *ácido ascórbico*, que significa ácido antiescorbuto. Hoje em dia o ácido ascórbico tem um nome mais famoso – *vitamina C* – e sabe-se que ele está envolvido em vários processos celulares, como síntese de neurotransmissores e de carnitina. Para descobrirmos seu envolvimento com o escorbuto, vamos voltar um pouco para o drama de uma pessoa sofrendo dessa moléstia.

O mais marcante dentre os sintomas do escorbuto é o sangramento pela pele e mucosas e o amolecimento dos dentes. Tais sinais revelam algum tipo de fragilidade das estruturas que deveriam oferecer suporte e resistência ao nosso corpo. No estado patológico do escorbuto, alguma coisa da nossa pele, vasos sanguíneos, ossos e dentes aparentemente desfaz-se, dissolve-se, derrete lentamente como uma gelatina à temperatura ambiente. Ao estudarmos as estruturas que compõem a pele, mucosas, artérias, ossos e dentes, encontramos uma *proteína* predominante, chamada *colágeno*, que responde por aproximadamente 30% de toda a proteína que temos. O colágeno é uma invenção maravilhosa da natureza, com propriedades extraordinárias. Na verdade essa é a regra para todas as proteínas: são as estruturas moleculares com a maior diversidade de ação e responsáveis por inúmeros processos do nosso organismo. O colágeno – como toda proteína – é formado pela união de *blocos fundamentais* de vinte diferentes tipos, chamados de *aminoácidos*, como colares formados por miçangas de vinte cores diferentes. Há proteínas bem pequenas, com menos de cinquenta aminoácidos e que recebem o nome de peptídeos, e enormes, com mais de 3 mil aminoácidos. Há tipos de proteína que se encaixam em partes de patógenos e estruturas estranhas ao organismo – são os *anticorpos* –; outras são produzidas por um órgão ou tecido e vão alterar o funcionamento das células de outro órgão – funcionam como *hormônios*, como a *insulina*, o *glucagon* e a *leptina* –; outras ainda aceleram em milhões de vezes a velocidade de uma reação – são as *enzimas*. O colágeno é uma proteína de mais de mil aminoácidos. A sequência destes faz que o colágeno tenha uma propriedade diferente de qualquer uma das proteínas citadas: a curiosa característica de, embora permanecendo como um colar estendido, se entrelaçar, com uma sutil torção, com outras duas moléculas idênticas para formar uma minúscula corda de três fios. Essa corda submicroscópica de três parceiros de colágeno se associa a outras cordas tríplices idênticas, que por sua vez se associam a outras e outras, dando origem a uma estrutura macromolecular chamada *fibra de colágeno*, que é o resultado de um tipo de "solidariedade" molecular do colágeno e que deixou para trás a fragilidade de cada unidade isolada e agora é mais resistente que um fio de nylon de mesmo diâmetro. Essas fibras de colágeno fornecem o suporte dos tecidos do nosso corpo, tornam nossa pele maleável e resistente, nossas gengivas íntegras, as raízes dos nossos dentes solidamente associadas aos maxilares, nossas veias e artérias capazes de resistir às fortes pressões da circulação sanguínea. Funcionam como as malhas, redes, argamassa e cimento de uma construção. O colágeno é uma proteína com *ação estrutural*. E para que ocorra a formação da fibra de colágeno é necessário que dois tipos de aminoácidos que o compõem, a *prolina* e a *lisina*, sejam levemente alterados e recebam do oxigênio molecular (O_2) um átomo de *oxigênio*, que será ligado posteriormente a um de *hidrogênio* formando uma *hidroxila*, transformando-se em *hidroxiprolina* e *hidroxilisina*. Nessa forma alterada, elas servirão de encaixe ou ponto de apoio entre as moléculas de colágeno na organização da fibra. A adição dessas hidroxilas é um processo concretizado por duas outras proteínas, chamadas de *prolil-hidroxilase* e *lisil-hidroxilase*, que aproximam a prolina e a lisina incorporadas ao colágeno e a molécula de oxigênio doadora do átomo que formará a hidroxila. Elas também acompanham de modo quase perfeito toda a reação, estabilizando as formas intermediárias mais críticas desse "intercâmbio" de átomos. Cumprindo essas duas tarefas, a prolil-hidroxilase e a lisil-hidroxilase acabam por aumentar em milhões de vezes a velocidade da reação de hidroxilação e por isso fazem parte da classe de proteínas chamadas *enzimas*. Tocamos aqui, pela primeira vez, nas biomacromoléculas mais impressionantes que a evolução foi capaz de selecionar. Vamos fazer uma breve pausa para que você veja por quê. Mais à frente voltaremos ao assunto do escorbuto.

O nosso metabolismo é obra das enzimas

Podemos fazer um inventário de todos os componentes e substâncias das nossas células e descobrir qual dá origem a qual. Serão centenas de moléculas pequenas, como glicose, frutose, piruvato, lactato, corpos cetônicos, ácidos graxos, carnitina, creatina, alanina, adrenalina, ATP (adenosina trifosfato, a molécula sinônimo de energia), acetil-coenzima A e muitas mais, com derivados e precursores às vezes comuns. Numa ponta do inventário estarão os alimentos e o oxigênio e na ponta oposta estarão os produtos de excreção, incluindo o gás carbônico. No meio surgirá uma extensa e ramificada malha de reações, chamada metabolismo, que mostra as transformações sofridas por cada um dos compostos, ligando-os, como tutora de cada reação, a uma enzima responsável por acelerar especificamente aquela reação. Mas não se iluda com tamanha ordem, pois os compostos das nossas células poderiam seguir por um número muito maior de caminhos, envolvendo-se na produção das mais diferentes substâncias, muitas delas tóxicas e a maioria sem nenhuma utilidade para o nosso organismo, se (e é um enorme "se"!) não houvesse enzimas. Sem elas nosso metabolismo seria apenas um conjunto de transformações dentre milhões de conjuntos igualmente possíveis e o resultado nada teria a ver com crescimento, manutenção e reprodução celulares. As enzimas evitam isso, pois aceleram especificamente apenas um grupo seleto de reações e, por fazerem isso com espantosa eficiência, deixam "vazias" as outras reações não catalisadas, com lentas e remotíssimas rotas. Por isso dizemos que *o conjunto de transformações que ocorre nas nossas células, nosso metabolismo, é uma construção enzimática.* E controlar a atividade das enzimas é controlar nosso metabolismo. Perdê-las é destruí-lo. Quando dissermos mais adiante que um conjunto de reações da nossa célula passou a ocorrer com maior velocidade, veremos que a causa será sempre o aumento da eficiência de algumas enzimas fundamentais desse conjunto de reações. Discutiremos enfaticamente esse ponto nos capítulos futuros. Agora, depois desse "tour" pela ação das enzimas, para que não deixemos muito longe a discussão sobre escorbuto, vamos voltar às enzimas prolil- e lisil-hidroxilases.

Apesar de as enzimas serem muito eficientes, a lisil- e a prolil-hidroxilases podem deixar o serviço pela metade. Elas podem permitir a ocorrência de um tipo de reação incompleta em que a molécula de oxigênio é quebrada, mas o átomo que deveria ir para a prolina ou a lisina para formar a hidroxila se dissocia da enzima. Tal fenômeno ocorre numa frequência baixa, próximo de uma em cada dez, mas quando acontece deixa a enzima incapaz de tentar de novo.

Aqui parecemos estar cada vez mais longe da relação entre vitamina C e escorbuto. Mas nunca estivemos tão perto! Quem faz a recuperação da prolil- e da lisil-hidroxilase, sorrateiramente destruídas pela ocorrência das reações incompletas, é a vitamina C. Ela "recauchuta" a prolil- e a lisil-hidroxilase e permite que continuem a modificar prolinas e lisinas, de modo que as propriedades de associação e aquisição de resistência das fibras de colágeno possam ser atingidas. Quando não temos vitamina C disponível, a prolil- e a lisil-hidroxilase vão sendo consumidas numa velocidade que não podemos repor, e paramos de hidroxilar nossas moléculas de colágeno. As fibras formadas assim são frouxas, frágeis como cordas puídas. A integridade dos epitélios fica comprometida e nossos tecidos esgarçam (dê uma olhada na Figura 1, que resume todo o processo).

FIGURA 1. *AS LONGAS CADEIAS PROTEICAS DO COLÁGENO SÃO HIDROXILADAS PARA QUE POSSAM ADQUIRIR RESISTÊNCIA MÁXIMA. O OXIGÊNIO É UM DOS REAGENTES. A VITAMINA C MANTÉM ATIVAS AS ENZIMAS PROLIL- E LISIL-HIDROXILASES QUE CATALISAM TAIS REAÇÕES.*

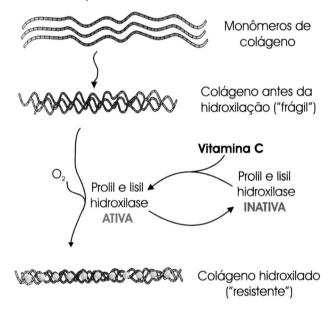

Portanto, não há na gênese do escorbuto agente infeccioso, nem mau ar de terras desconhecidas nem lascívia. Há um *processamento defeituoso da molécula de colágeno* que a faz menos eficiente na formação de fibras e na aquisição de resistência mecânica. Isso ocorrerá com todos que se alimentarem com uma dieta pobre em ácido ascórbico, a vitamina C.

Agora observe um ponto importante. Na discussão do escorbuto começamos pela descrição da doença. Em seguida, apontamos sua relação com uma dieta deficiente e especificamos a substância química fundamental ausente dessa dieta, o ácido ascórbico ou vitamina C. Descrevemos então as propriedades da proteína colágeno (formação de fibras), sua importância estrutural para o nosso corpo e os retoques necessários para que ela exerça eficientemente essa ação (hidroxilação das prolinas e lisinas). Abordamos as enzimas responsáveis por tais retoques (prolil- e lisil-hidroxilases) e a ocorrência da reação parcial que as destruía. Só então relacionamos a recuperação das enzimas à disponibilidade do ácido ascórbico. Esse caminho de exposição, que ainda está incompleto, reflete os estágios de compreensão do escorbuto obtidos pela investigação experimental e todo ele seria usado na resposta à pergunta "Por que precisamos de vitamina C?". Todo fenômeno bioquímico é abordado cientificamente deste modo: começamos pela descrição minuciosa e buscamos nos aprofundar na compreensão molecular, tentando desvendar a causa fundamental da manifestação macroscópica no nível das moléculas e átomos. Como já dissemos, a cadeia de processos a serem compreendidos para que percorramos todo o caminho em tal ligação muitas vezes é extensa. Na verdade ela nunca tem fim, pois sempre podemos querer compreender um fenômeno bioquímico num nível ainda mais detalhado ou "molecular". No caso do escorbuto, poderíamos perguntar que tipo de modificação torna a prolil- e a lisil-hidroxilase inativas e como, especificamente, a vitamina C atua para recuperá-las. Ou por que as hidroxiprolinas e hidroxilisinas servem de ponto de apoio entre as moléculas de colágeno. E desse modo iríamos aumentando o grau de conhecimento não só sobre o escorbuto, mas também sobre os mecanismos de funcionamento do nosso corpo. Tenha certeza: para compreendermos quaisquer necessidades nutricionais do ser humano temos sempre que percorrer a trilha molecular, ou seja, adquirir um razoável grau de conhecimento da bioquímica do nosso corpo. Para saber por que são essenciais para nós a vitamina A, vitamina D, vitamina E, vitamina K, tiamina (vitamina B1), riboflavina (vitamina B2), piridoxina (vitamina B6), cianocobalamina (vitamina B12), niacina, *ácido fólico*, ácido pantotênico, biotina – para falar só das vitaminas –, temos que analisar os mecanismos da *visão*, da *formação dos ossos*, da proteção das *membranas* contra a *oxidação*, de *coagulação sanguínea*, de degradação da *glicose*, de formação de *ATP*, de quebra de *aminoácidos* e de formação de *lipídeos*. Em cada um desses processos iremos encontrar, no centro, o fenômeno molecular do qual as vitaminas ou seus derivados participam e onde são indispensáveis. Nessa espécie de dissecação compreende-se a bioquímica humana.

O que interessa dos alimentos que ingerimos. Os monômeros e a construção da identidade do organismo

Vamos continuar usando o exemplo do escorbuto para discutirmos mais três pontos:

1) Quantos aminoácidos diferentes existem e de quantos precisamos para sintetizar todas as nossas proteínas?
2) Se o problema era a falta de hidroxiprolina e hidroxilisina, que deixava frágeis nossas moléculas de colágeno, será que a hidroxiprolina e a hidroxilisina presentes nos alimentos de origem animal poderiam ser incorporadas às nossas próprias cadeias de colágeno?

3) Por que o próprio colágeno "saudável" dos alimentos de origem animal não pode ser incorporado aos nossos tecidos?

A resposta à última questão está no modo que o nosso sistema digestivo funciona. Quando nos alimentamos, a maior parte das moléculas grandes que compõem carnes e vegetais (chamadas de *biomacromoléculas*, das quais fazem parte proteínas, polissacarídeos como o amido e o glicogênio, ácidos nucleicos e gorduras) é submetida a um processo de desmontagem, ao qual chamamos digestão, em que as várias partes formadoras são separadas. Isso ocorre principalmente no estômago e no intestino delgado, mas já se inicia, para o amido e o glicogênio, por exemplo, na boca, quando entram em contato com a saliva. As biomacromoléculas não digeríveis, como as fibras vegetais, não são absorvidas. *Toda e qualquer proteína é quebrada em suas unidades formadoras, os aminoácidos, que são captados e lançados ao sangue*. Portanto, é impossível para o nosso corpo absorver as moléculas de colágeno que porventura façam parte da nossa dieta. Temos sempre que refazê-lo no interior das células, reunindo os aminoácidos que nosso sistema digestivo disponibiliza. Muito embora essa estratégia pareça perdulária (afinal, para que gastar desmontando se teremos que juntar novamente?), ela é fundamental para a integridade e identidade do nosso corpo, pois o colágeno presente nas carnes de boi, frango, porco, peixe ou outro animal não é exatamente igual ao nosso. *Colágenos sintetizados por outros animais têm tipo, quantidade e sequência de aminoácidos levemente diferentes do nosso e, portanto, características levemente diferentes*. Estas foram sendo moldadas pelas pressões evolutivas a que o organismo foi submetido e que são diferentes para dois organismos a partir do ponto em que eles se separaram do ancestral comum. Desse ponto em diante qualquer mutação, mesmo que não submetida à pressão seletiva, será transmitida e acumulada de modo particular por cada ramo de descendência. Tal observação é válida para todas as proteínas de um determinado organismo: regra geral, as proteínas são típicas daquele organismo. *Quanto mais próximos dois organismos estiverem na escala evolutiva, maior a semelhança entre suas proteínas.* Há proteínas extremamente conservadas, que mudam lentamente e cuja sequência continua idêntica entre, por exemplo, camundongos e seres humanos, da mesma forma que há proteínas tão livres para mudar de sequência que diferem até entre indivíduos de uma mesma espécie. Independentemente disso a regra geral continua: as proteínas de um organismo são típicas daquele organismo. Podemos dizer que o principal responsável pelas características morfológicas e pelo comportamento de um organismo é o conjunto de proteínas que ele sintetiza. Assim, ao mesmo tempo que precisamos nos alimentar das proteínas de outros organismos, não podemos usá-las para substituirmos as nossas. Temos sempre que desmontá-las e unir seus blocos construtores na sequência que nos é própria. Outro fator, relacionado à necessidade de mantermos a identidade, é que quando desmanchamos as macromoléculas antes de absorvê-las evitamos a entrada de organismos patogênicos. A digestão é, portanto, também uma estratégia de proteção. Toda a tática do nosso sistema imunológico está baseada em reconhecer as macromoléculas, principalmente proteínas e carboidratos, componentes do agente patogênico e interpretá-las como sinal de invasão. A absorção de proteínas completas pelo sistema digestivo do organismo seria interpretada como uma invasão em grandes proporções e mobilizaria todas as defesas do sistema.

Quanto à segunda questão, por que não usarmos a hidroxiprolina e a hidroxilisina para a síntese das nossas moléculas de colágeno, a resposta é um pouco mais elaborada. Não existem mecanismos conhecidos de a célula direcionar a hidroxiprolina e a hidroxilisina apenas para a síntese do colágeno. *Apesar de serem essenciais para o bom funcionamento do colágeno, a presença de hidroxiprolina ou hidroxilisina indiscriminadamente em outras proteínas seria desastroso.* Na maioria das proteínas são necessárias prolinas e lisinas, e não as formas hidroxiladas. Uma eventual substituição resultaria em proteínas inativas e por isso é essencial que a hidroxiprolina e a hidroxilisina não consigam entrar nos procedimentos gerais que levam à síntese de proteínas. O modo que se apresentou mais vantajoso foi o de sintetizar antes a molécula de colágeno e fazer que o processo de hidroxilação se fizesse apenas sobre as moléculas de colágeno já totalmente sintetizadas. Quer dizer, o processo de acabamento, de retoque, que transforma prolinas e lisinas em hidroxiprolinas e hidroxilisinas, é que sofre restrições – só algumas proteínas serão submetidas a ele, dentre elas as principais são as moléculas de colágeno. E isso nos leva à primeira questão, a mais básica, sobre quantos aminoácidos afinal são importantes para a nossa célula.

Perceba: não se pergunta agora quantos são os essenciais na alimentação; pergunta-se quantos nossa célula precisa para que todas as suas proteínas funcionem corretamente. A resposta se divide em duas partes. Primeiro, para *sintetizar* todas as proteínas, num processo que ocorre no ribossomo, precisamos de vinte tipos de aminoácidos. *Desses vinte, os seres humanos precisam obter nove prontos na dieta. São os aminoácidos essenciais.* Os outros onze conseguimos sintetizar a partir de outras substâncias e, portanto, não são essenciais na dieta. Segundo, depois de sintetizadas, algumas proteínas precisam sofrer retoques, modificações em alguns de seus aminoácidos, criando variantes do conjunto básico de vinte. Se considerarmos cada variante como um tipo diferente de aminoácido, então para nossas proteínas funcionarem corretamente precisamos de muito mais que apenas vinte. É importante ressaltar novamente que na dieta precisamos de nove aminoácidos, os essenciais. Os outros onze, que conseguimos sintetizar a partir desses nove e de carboidratos, são portanto chamados de não essenciais. Na Tabela 1 essa distinção está esquematizada.

TABELA 1: AMINOÁCIDOS

Aminoácidos essenciais	Aminoácidos não essenciais
Fenilalanina, histidina, isoleucina, leucina, lisina, metionina, treonina, triptofano e valina.	Alanina, glicina, aspartato, asparagina, glutamato, glutamina, arginina, serina, tirosina, prolina e cisteína.

São esses vinte aminoácidos que participam da síntese proteica em nossas células e deles se originam todas as variantes necessárias ao funcionamento perfeito de nossas proteínas.

As necessidades nutricionais do ser humano. O que mais nossas células precisam obter da dieta?

Em outra classe de biomacromoléculas encontramos dois componentes importantes para a nossa célula, que não conseguimos sintetizar a partir de outras substâncias e por isso precisamos obter da dieta. São os *ácidos graxos linoleico e linolênico*. Aquilo que conhecemos normalmente por "gordura" representa uma classe de biomacromoléculas chamada de lipídeos que desempenha diferentes ações no nosso corpo, dentre elas o armazenamento de energia, a formação das membranas e a sinalização intra e intercelular. Nesse último processo os ácidos graxos linoleico e linolênico exercem sua ação por serem precursores dos *hormônios eicosanoides* fundamentais nos processos inflamatórios. É inclusive sobre essa via de transformações que a *aspirina* e outras drogas anti-inflamatórias agem: inibindo etapas iniciais da produção de dois tipos de hormônios eicosanoides – as *prostaglandinas* e os *tromboxanos*. Talvez também seja atuando sobre a produção de eicosanoides que os ácidos graxos conhecidos por *ômega-3* ajam, pois eles diminuem a taxa de formação de prostaglandinas e a intensidade da resposta inflamatória. O entupimento das nossas artérias por placas ricas em gorduras, colesterol e cálcio, que caracteriza o quadro de *aterosclerose*, é precedido por uma resposta inflamatória local. Daí talvez o efeito benéfico de dietas ricas em ômega-3 sobre os sintomas de várias doenças cardiovasculares.

No entanto, a ação fundamental que os lipídeos desempenham em todos os organismos é como formador de membranas. Os limites de toda célula é, por impressionante que pareça, uma fina camada constituída de lipídeos de consistência semelhante ao óleo. Tais lipídeos foram recrutados durante a evolução por apresentarem a propriedade de, quando em contato com um ambiente aquoso, formar espontaneamente pequenas vesículas com estrutura de esfera conhecidas por lipossomos. Definem assim dois ambientes, dentro e fora da vesícula, e servem de barreira para a saída de qualquer *molécula polar ou hidrofílica* (que não tem facilidade em se dissolver em óleos), com exceção da própria água. Veja que algum tipo de barreira à livre movimentação de substâncias é um pré-requisito para o surgimento de qualquer tipo de célula primordial, pois só controlando a própria composição química tais células ancestrais poderiam preservar a individualidade, a identidade e as propriedades globais sobre as quais a seleção natural pôde agir. Até hoje, servir de barreira à livre movimentação de moléculas é um papel exercido pelos lipídeos constituintes das membranas das nossas células. As moléculas que se dissolvem facilmente em óleos, chamadas *apolares ou hidrofóbicas*, passam com facilidade pelas membranas, pois têm menor afinidade pela água e maior afinidade pelos componentes lipídicos da membrana; ali se dissolvem e podem cruzar para os ambientes interno ou externo. Os hormônios esteroides são um exemplo. O gás carbônico e o oxigênio são outros. Quanto menores e mais hidrofóbicas, mais facilmente passam pela bicamada lipídica. A água é uma exceção e, apesar de não ter afinidade por óleos ou lipídeos das membranas, pode passar com alta eficiência.

Nossas *membranas* são formadas por *lipídeos* e também por *proteínas*. Se por um lado os lipídeos das membranas biológicas têm tal ação de simples barreira para as substâncias hidrofílicas, as proteínas que se encontram associadas a eles têm uma ação ativa definindo, entre outras coisas, quais e quando certas substâncias polares poderão passar mais facilmente através da membrana. Capacitam assim as bicamadas lipídicas a um papel de *controladores de fluxo*, com capacidade seletiva, tornando-as muito mais complexas que simples barreiras. Essas proteínas são chamadas de *transportadores* e se encontram inseridas na camada lipídica das membranas de modo semelhante a aparelhos exaustores que conectam e fazem fluir o ar entre dois ambientes separados, com uma parte voltada para o lado de fora da célula, o *domínio extracelular*, outra situada através da bicamada lipídica, o *domínio transmembrânico*, e uma parte voltada para o lado de dentro da célula, o *domínio intracelular*. Tal segregação nunca se altera. Muitas dessas proteínas, apesar de não se desligarem da bicamada lipídica, são livres para deslizar por diferentes regiões da membrana. Você já observou os reflexos multicoloridos de uma bolha de sabão? Pois uma membrana biológica tem algo parecido àquela liberdade de movimentação, com muitas proteínas percorrendo extensas regiões da superfície da bicamada lipídica, de certa forma atentas a qualquer modificação do meio ambiente. Por exemplo, a *glicose* é uma molécula pequena composta por *seis átomos de carbono, doze de hidrogênio e seis de oxigênio* ($C_6H_{12}O_6$ – massa molecular 180), com alta afinidade pela água, ou seja, muito polar ou hidrofílica. Após uma refeição normal, a concentração de glicose no sangue aumenta, mas as bicamadas lipídicas das nossas células são pouco permeáveis à glicose. Então, como fazer para que a glicose abundante no sangue entre nas nossas células? Ou mesmo como fazer para que a glicose resultante da digestão passe do intestino para o sangue? A resposta é que na membrana das células do epitélio intestinal há proteínas firmemente associadas que agem como *poros seletivos para a glicose* e permitem que ela passe do lúmen intestinal para o sangue. Elas funcionam como um túnel particular para a glicose, através das regiões hidrofóbicas. Quando a concentração de glicose no sangue aumenta, o GLUT2, uma proteína da membrana das *células β do pâncreas produtoras de insulina*, permite a rápida entrada de glicose. A insulina é então liberada e induz a entrada da glicose sanguínea nas células musculares e do tecido adiposo. No capítulo seguinte você verá como tudo isso ocorre.

Depois das vitaminas, dos aminoácidos e ácidos graxos essenciais, a lista de necessidades nutricionais do ser humano continua com os macronutrientes inorgânicos e com os oligoelementos (Tabela 2). O que distingue os dois grupos é a necessidade diária de ingestão: aproximadamente 100 mg para os macronutrientes inorgânicos (com exceção da água, que precisamos de 2,5 litros por dia) e da ordem de algumas miligramas ou microgramas para os oligoelementos.

TABELA 2

Macronutrientes inorgânicos	Oligoelementos
Cálcio, fósforo, magnésio, sódio, cloro, potássio, enxofre e água.	Ferro, zinco, cobre, iodo, manganês, flúor, molibdênio, cobalto, selênio e cromo.

Os minerais têm diferentes ações no nosso organismo. O exemplo do escorbuto de novo será útil para destacar o papel do oligoelemento ferro. Ele pode existir nas formas Fe^{2+} ou Fe^{3+}. *A forma Fe^{2+} tem um elétron a mais e é dita forma reduzida do íon ferro. Essa forma, e nunca a forma Fe^{3+}, chamada oxidada, é uma das substâncias ativas na hidroxilação das prolinas e lisinas do colágeno.* A forma Fe^{2+} liga-se às enzimas prolil- e lisil-hidroxilase sempre que as reações são catalisadas e auxilia na transferência do átomo de oxigênio para a prolina e a lisina. Quando tudo corre bem, o íon ferro permanece na forma Fe^{2+}. Se, no entanto, a reação for incompleta, o oxigênio não chega à prolina e à lisina, escapa das enzimas e deixa o ferro na forma *Fe^{3+}*, que é *incapaz* de catalisar novas reações e de se dissociar da enzima, que torna-se *inativa*. Se houver vitamina C disponível ela se ligará às enzimas inativas e transformará o Fe^{3+} em Fe^{2+}, convertendo-se em ácido dehidroascórbico e devolvendo a enzima à sua forma ativa. Digamos que com essa ação *a vitamina C "desenferruja"* a produção do colágeno.

O íon *ferro* na forma reduzida Fe^{2+} também é essencial à proteína hemoglobina que transporta o oxigênio dentro das hemácias pelo sangue. O íon *zinco* é encontrado ligado a aproximadamente trezentas proteínas diferentes, assumindo um papel catalítico (ou seja, se envolvendo diretamente em reações químicas, como o Fe^{2+} da hidroxilação do colágeno) ou auxiliando a manutenção da estrutura das proteínas. *Cobre*, *manganês*, *selênio*, *cobalto*, *molibdênio* e *cromo* têm ação semelhante. *Sódio*, *cloro* e *potássio* têm outra ação principal. Eles são transportados para o interior (potássio) ou para o exterior (sódio e cloro) da célula, sempre sob a tutela de proteínas da membrana celular, gerando altas diferenças de concentração de íons entre os ambientes intra e extracelular, que são *indispensáveis para o controle da pressão osmótica* (a tendência da água entrar ou sair da célula);

para *a excitabilidade celular*, cujos exemplos mais comuns são a transmissão do impulso nervoso em neurônios e células musculares; e para *a movimentação de componentes como aminoácidos e pequenos carboidratos através da membrana*. O *cálcio* age também nos processos de excitabilidade celular, de regulação da atividade de proteínas, incluindo a contração muscular, e destaca-se como componente principal de ossos e dentes. O *iodo* faz parte do hormônio tiroxina e de compostos relacionados produzidos pela glândula tireoide. A tiroxina altera a velocidade dos processos de produção de energia principalmente no fígado e no músculo esquelético. O *flúor* faz parte de ossos e dentes e é fundamental na prevenção de cáries dentárias.

O que há de comum nessa lista de "tarefas" dos minerais indispensáveis ao nosso corpo é que em todas elas encontraremos uma relação entre o *mineral* e a atividade de alguma *proteína*. Em algum ponto veremos que, para o bom funcionamento da nossa célula, o mineral terá que auxiliar certa proteína numa tarefa necessariamente conjunta. E se fôssemos exemplificar, percorreríamos novamente a descrição molecular, onde se desvenda sempre a cadeia de interações entre moléculas, grandes ou pequenas, e suas modificações. Falaríamos de novo de enzimas que transferem átomos, que dividem ou unem moléculas, e cujos produtos serão usados por outras enzimas. Assim, passo a passo, percorreríamos todo o caminho do metabolismo humano.

Quando pensamos na nossa alimentação, o desafio de todos nós é fornecer diariamente ao corpo o necessário para que ele concretize eficientemente seu metabolismo e nos permita uma interação plena e enriquecedora com o ambiente. Aí se incluem as obrigações do ser sociável que somos e as atividades de lazer e diversão. É sempre bom, também no aspecto alimentar, tentar explorar ao máximo as potencialidades do ambiente. Nos organismos bem-

-sucedidos, encontraremos uma engrenagem mantida pelo fornecimento estável de compostos essenciais que busca e aproveita eficientemente as variadas fontes da natureza, selecionando-as segundo suas necessidades atuais. No entanto, achar que a ciência pode nos dizer completamente os compostos que devem estar presentes na nossa alimentação, e em que quantidades, levando em conta as características de cada indivíduo, é superestimar o estágio atual de nosso conhecimento. O mais seguro é buscar o corpo e a mente plenos de aptidões nos hábitos de alimentação variada e natural, que elevam o limite superior da capacidade produtiva de cada um de nós, enriquecendo nosso cardápio aqui e ali com algumas (valiosas) indicações da ciência. O nutricionista é o profissional capaz de guiá-lo nessa busca.

Seguiremos pelos próximos capítulos dando exemplos de alguns dos nossos processos metabólicos, tentando revelá-los como eventos de um mundo molecular extremamente sutil e organizado.

A evolução das vias metabólicas

O mapa metabólico do ser humano reúne todas as reações celulares. É um desafio imaginar como a evolução fez surgir enzimas capazes de transformar de modo tão coordenado uma estrutura em outra, por meio das várias etapas de uma via metabólica. A hipótese mais aceita hoje em dia é que o ponto inicial para o surgimento de uma nova enzima é a *duplicação* do seu *gene*. Dispondo de duas cópias de um mesmo gene (dois *alelos*), uma delas fica livre para acumular mutações. Uma das cópias ficaria sendo uma espécie de protótipo livre para testes enquanto a outra ficaria de "backup", de cópia de segurança. O nosso metabolismo é fruto de um longo caminho de duplicações gênicas e seleção, de idas e vindas, erros e acertos. Talvez, há 30 milhões de anos, nossos ancestrais primatas dispusessem de todas as enzimas necessárias para sintetizar vitamina C a partir de glicose (como a maioria dos mamíferos de hoje). Naquela época, uma mutação tornou inativo um dos alelos para a enzima da última etapa da via. Já que a dieta do nosso ancestral era rica em vitamina C, tal mutação não criou nenhum problema, não sofreu pressões seletivas contrárias e pôde ocorrer, inclusive, no outro alelo. O tempo passou e os genes inativos dessa enzima foram surgindo repetidas vezes e se propagando por nossos ancestrais, até que o gene ativo foi completamente perdido. A partir daquele ponto, todos passaram a depender, assim como nós até hoje, de vitamina C na dieta. Será que isso foi evolução? Ou seria melhor chamar de "involução"?

2 A força do corpo em movimento

Miosina e actina: nossos músculos moleculares

Fazer os 42 quilômetros de uma maratona em menos de duas horas e meia é tarefa para atletas de primeiro escalão e exige muito treino, ótima alimentação e extremo cuidado com o próprio corpo. Se você não tem ideia do tamanho desse desafio, correr 1 quilômetro em 4 minutos já está, acredite, além da capacidade da maioria de nós. E correr mais 41 quilômetros nesse ritmo lhe garantiria apenas a ducentésima posição na maratona de São Paulo. Os que chegam nas primeiras colocações são atletas capazes de desenvolver um sistema muscular adaptado às características de uma maratona, com sistemas eficientes de produção de energia. Durante a prova os tecidos musculares passam a ser os principais consumidores de energia e todo o nosso metabolismo se modifica para conseguir suprir as exigências dos músculos.

O sistema muscular apresenta dois tipos fundamentais de músculos: *estriados* e *lisos*. Os *estriados esqueléticos* são músculos de contração *voluntária*, que podemos controlar segundo nossa vontade, e os *lisos* e o estriado *cardíaco* são de contração *involuntária*. Enquanto os músculos lisos revestem os sistemas digestivo e vascular, os estriados esqueléticos se responsabilizam pela nossa locomoção.

Andar, falar, piscar ou respirar são todas ações musculares tão corriqueiras que sequer imaginamos a multiplicidade de eventos moleculares que ocorrem no interior das células do músculo estriado quando ele se contrai. Vamos fazer uma breve descrição de tais eventos. Não se impressione com (muito menos tente memorizar de imediato) o número de proteínas ou estruturas que aparecerão. Apenas fique atento para a quantidade de propriedades, associações, causas e efeitos.

As proteínas *actina* e *miosina* encontram-se na base da contração muscular. A miosina é uma proteína de aproximadamente 5 mil aminoácidos, dividida em uma região com estrutura *fibrosa*, estendida de modo parecido ao colágeno, e uma região com estrutura *globular*. Essa divisão em domínios é bem comum em proteínas e revela uma divisão de ações entre diferentes regiões de uma mesma proteína. No caso da miosina, ela fica com uma forma semelhante a um taco de golfe. Duas moléculas de miosina se associam entrelaçando suas regiões fibrosas e várias dessas duplas se unem dando origem aos *filamentos grossos* presentes nas células dos músculos estriados. Tais filamentos revertem a orientação das cadeias de miosina na região central (chamada de linha M) e apontam os domínios globulares para a superfície. O filamento grosso do músculo estriado se assemelha assim a escovas de lavar garrafa com cerdas nas duas pontas. Pelas laterais de cada filamento grosso, a uma distância de mais ou menos 20 nanômetros (1 nanômetro é 1 milhão de vezes *menor* que 1 milímetro) dos domínios globulares, posicionam-se seis filamentos equidistantes de *actina-F* chamados *filamentos finos* e formados pela proteína globular *actina-G* (uma proteína de 375 aminoácidos) que se associa como num colar de milhares de contas para formar estruturas de aproximadamente

1 micrômetro de extensão (1 micrômetro é mil vezes *menor* que 1 milímetro). Sobre cada conjunto de sete actinas no filamento repousa uma proteína fibrosa chamada *tropomiosina*, que está associada em uma de suas extremidades à proteína *troponina*. Actina, tropomiosina e troponina são os componentes principais do filamento fino. Uma das extremidades dos filamentos finos aponta para as linhas M dos filamentos grossos e a outra se associa a uma estrutura planar, que serve de base comum para as extremidades dos filamentos finos, chamada disco Z. Tal organização se repete na metade invertida do filamento grosso de modo que as linhas M se tornam como um espelho refletindo a imagem tanto dos filamentos grossos como dos finos. *A região entre dois discos Z é chamada sarcômero* e a estrutura tubular constituída pela sucessão de sarcômeros é chamada *miofibrila*. As regiões onde estão presentes os filamentos grossos são mais densas quando comparadas com aquelas onde apenas os filamentos finos estão presentes e, como essas duas regiões se alternam por toda a extensão da miofibrila, surge o aspecto estriado do músculo. Uma célula do músculo estriado é conhecida por miofibra e tem toda a extensão do seu citoplasma percorrida por dezenas de miofibrilas paralelas. Essa estrutura altamente organizada e regular da célula do músculo estriado é a *segunda* grande responsável pela sua capacidade de movimento em escala macroscópica. *A primeira responsável* é uma propriedade intrigante do *domínio globular da miosina* que a torna capaz de transformar *ATP* (adenosina trifosfato) em *ADP* (adenosina difosfato) e *Pi* (fosfato inorgânico). Ela é, por isso, chamada de *ATPase*, uma enzima que degrada o ATP. Mas o mais importante é que, no meio do processo de quebra do ATP, a *miosina* muda a *conformação* do seu domínio globular, como se houvesse uma *minúscula dobradiça* na junção entre

o domínio globular e o fibroso, como o nosso pulso, que faz diferentes ângulos entre a mão e o antebraço. No processo de quebra do ATP em ADP e Pi, obrigatoriamente a estrutura do domínio globular tem de oscilar fechando o ângulo com o domínio fibroso. A *actina* é fundamental, pois precisa estar *fortemente associada* ao domínio globular da miosina para que a reação de quebra do ATP possa se realizar. Daí vem o nome de *actina*, que significa *capaz de ativar*. E por estar firmemente associada ao domínio globular da miosina, a actina funciona como um ponto de apoio que é tracionado pelo movimento desse domínio globular (Figura 2). Quando centenas de domínios globulares se associam a um filamento de actina e iniciam os ciclos de quebra do ATP e mudança conformacional, as extremidades mais próximas dos filamentos opostos de actina são tracionadas, trazendo os discos Z opostos e, consequentemente, encurtando o sarcômero, a miofibrila e a célula muscular. *Finalmente ocorre a contração!*

A regulação do processo de contração muscular se dá pelo *cálcio*, que é armazenado pela célula do músculo estriado em um grande reservatório chamado *retículo sarcoplasmático*. Como o cálcio é um íon, as bicamadas lipídicas das membranas são praticamente impermeáveis a ele. Mesmo que algum cálcio consiga passar para o citosol, nas membranas do retículo sarcoplasmático encontram-se proteínas integrais capazes devolvê-lo para o interior do retículo. Essas proteínas são chamadas de *bombas de cálcio* e são transportadores mais complexos que o GLUT2 citado no capítulo anterior porque, enquanto este apenas permite a movimentação de glicose da região de maior concentração para a de menor concentração, as bombas de cálcio fazem esse íon mover-se de uma região de *baixa concentração*, o citosol, para uma de *alta concentração*, o

FIGURA 2. A *MIOSINA* É UMA *MÁQUINA MOLECULAR* CAPAZ DE ALTERAR SUA PRÓPRIA FORMA AO QUEBRAR O ATP. A ACTINA ATIVA A MIOSINA, SERVE COMO PONTO DE APOIO E, ASSIM, A MUDANÇA CONFORMACIONAL DA MIOSINA É TRANSMITIDA POR TODA A CADEIA (O QUE SE ILUSTRA AQUI COM A ELEVAÇÃO DE UM HALTER).

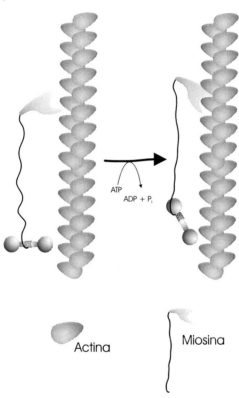

retículo sarcoplasmático. Dizemos que o GLUT2 é apenas um facilitador de difusão, ou transportador passivo, e a *bomba de cálcio um transportador ativo*. Em condições de repouso, as concentrações de cálcio do retículo sarcoplasmático são cerca de 10 mil vezes maiores que no citossol. As bombas de cálcio constroem diferenças tão grandes porque são capazes de quebrar ATP em ADP e Pi cada vez que transportam cálcio. Quando o estímulo nervoso pelos neurônios motores chega até o músculo esquelético, a membrana das células musculares transmite o impulso elétrico até a membrana do retículo sarcoplasmático e, como resultado, ocorre a abertura de *facilitadores de difusão de cálcio* (proteínas diferentes das bombas de cálcio) que até então estavam fechados, mas que, com o estímulo, abrem-se e deixam os íons cálcio escaparem para o citossol numa quantidade tão grande que superam a atividade das bombas de cálcio. A concentração de cálcio no citossol vai assim de 0,1 para aproximadamente 10 micromolar e os íons *cálcio* se ligam à *troponina*. Tal ligação altera a posição da tropomiosina sobre as moléculas de actina e libera os pontos para a associação forte entre miosina e actina, dando início aos ciclos de quebra de ATP (figuras 3 e 4). Quando cessa o impulso nervoso, os facilitadores de difusão do cálcio da membrana do retículo sarcoplasmático voltam a se fechar e as *bombas de cálcio levam de volta ao interior do retículo os íons cálcio*, devolvendo a tropomiosina à posição inibitória sobre o filamento de actina. Termina então a contração e o músculo relaxa.

Quanta coisa é necessária para um músculo estriado se contrair! Impulso nervoso, fuga de cálcio do retículo, associação à troponina, deslize da tropomiosina, dobramento da miosina, fim do impulso, volta do cálcio, desligamento da troponina e volta do bloqueio pela tropomiosina. *E pensar que tudo isso está ocorrendo centenas de milhares de vezes, silenciosamente, perfeitamente, a cada movimento dos seus olhos de uma extremidade a outra destas linhas...*

FIGURA 3. *A TROPOMIOSINA E A TROPONINA* TORNAM A CONTRAÇÃO MUSCULAR UM PROCESSO REGULADO POR CÁLCIO. OS PONTOS DE ASSOCIAÇÃO ENTRE MIOSINA E ACTINA PERMANECEM BLOQUEADOS PELA TROPOMIOSINA, ATÉ QUE O CÁLCIO, AO SE LIGAR À TROPONINA, INDUZ A MOVIMENTAÇÃO DAS MOLÉCULAS DE TROPOMIOSINA E A LIBERAÇÃO DO FILAMENTO DE ACTINA PARA A MIOSINA.

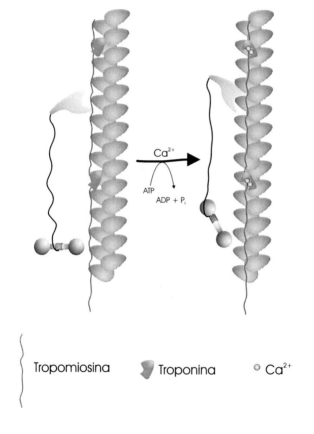

FIGURA 4. *O SARCÔMERO*, A UNIDADE FUNDAMENTAL DO MÚSCULO ESTRIADO, É CONSTITUÍDO POR *FILAMENTOS DE ACTINA E MIOSINA* QUE SE INTERPENETRAM, MOVIDOS PELA FORÇA DE CADA MIOSINA. CADA SARCÔMERO É DELIMITADO POR ESTRUTURAS CHAMADAS DE DISCOS Z, ONDE OS FILAMENTOS DE ACTINA ESTÃO FIRMEMENTE INSERIDOS, E QUE SE APROXIMAM NA CONTRAÇÃO. OS PEQUENOS PESOS QUE SE MOVIMENTAM, ATRELADOS AOS DISCOS Z, REPRESENTAM SIMBOLICAMENTE A GERAÇÃO DE FORÇA.

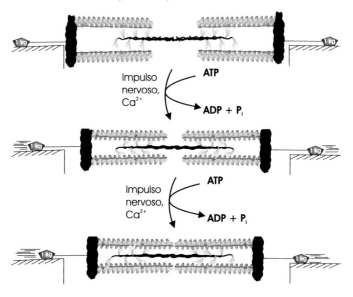

Antes de uma maratona, arroz, batata e macarrão

Contrair nossos músculos consome ATP tanto em cada oscilação efetiva do domínio globular da miosina como no relaxamento, quando as bombas de cálcio devolvem ao retículo o cálcio liberado pelo impulso. Para suprir essa demanda de ATP o nosso organismo reorganiza o metabolismo para favorecer aquelas reações que visam à reposição do ATP consumido. Tais reações em conjunto compõem o *catabolismo*. As células musculares mobilizam as substâncias de reserva, o *glicogênio* e os *TAG* (triacilgliceróis, os principais componentes das gorduras), para aumentar o fornecimento de glicose e acetato e tentar transformá-los em dióxido de carbono e água. Para isso elevamos também o suprimento de oxigênio, acelerando nossa frequência respiratória e nossos batimentos cardíacos. Normalmente nos dias que antecedem a prova é comum os atletas permanecerem em repouso e se alimentarem de uma dieta rica em *carboidratos*, como *arroz, macarrão* e *batata* para aumentar as reservas de *glicogênio*. Nessa situação, uma refeição rica em carboidratos faz nosso corpo entrar por um caminho fascinante de respostas bioquímicas. Vamos descrevê-las rapidamente.

Ao mastigarmos, as células das glândulas salivares aumentam a produção de saliva e encharcam os alimentos com milhões de moléculas da enzima *α-amilase* salivar, as quais atacam o principal componente do arroz, da batata e do macarrão, o *amido*, e arrancam dele pencas de glicose, a unidade formadora do amido. Percorrendo o estômago e chegando ao intestino delgado, o amido, já meio "depenado", passa a ser atacado por uma segunda tropa de α-amilases, agora secretadas pelo *pâncreas*. A maior parte do amido é então transformada em minúsculos tufos de glicose, de forma coralínea. Outro componente da secreção pancreática, a enzima *α-1,6-glicosidase*, encarrega-se de quebrar nas juntas cada ramo desses minúsculos arranjos de glicose, liberando-os para serem reduzidos a duplas de glicose, chamadas *maltose*, que são separadas pela enzima *maltase* do epitélio intestinal. Termina então a primeira parte da desconstrução do arroz, da batata e do macarrão: tudo era em sua imensa maioria amido. O *amido* é, por sua vez, como uma diminuta e extensamente ramificada árvore de moléculas de glicose – um *polímero* da *glicose*, portanto. Nosso corpo converteu-os nas unidades fundamentais – nos *monômeros*. As moléculas de glicose serão agora absorvidas pelas células da parede do intestino e lançadas ao sangue.

Chegando ao fígado, parte das moléculas de glicose é captada. Ali são unidas novamente dando origem ao *glicogênio*, a "versão animal" do amido, só que mais ramificado, que serve de estoque de glicose e pode ser rapidamente degradado quando necessário. Como a refeição é rica em carboidratos, a quantidade de glicose que chega ao fígado é elevada e faz que os estoques de glicogênio atinjam os valores máximos, como era a intenção do maratonista. Uma parcela de glicose é também transformada em ácidos graxos e TAG, que podem ser enviados aos músculos e adipócitos. As moléculas de glicose que não são absorvidas pelas células hepáticas *aumentam* a *concentração* da *glicose sanguínea*, provocando *hiperglicemia*. Ao chegar às células β do pâncreas, as moléculas de glicose atravessam a membrana pelo transportador GLUT2 e induzem a secreção do hormônio *insulina*. Esta irá funcionar como um sinal do pâncreas para outros tipos de célula, como as musculares, os adipócitos e os hepatócitos. Essa é a *essência* da ação *hormonal*: um órgão *sinalizando*, por meio do *hormônio*, a mudança de uma *situação ambiental*. A insulina é um dos nossos mais importantes hormônios, que sinaliza para o corpo a disponibilidade imediata de nutrientes. A cada refeição, os níveis de insulina aumentam, acompanhando a subida dos níveis sanguíneos de glicose, e diminuem, à medida que a glicose é retirada da corrente sanguínea. A insulina viaja pelo sangue até as células musculares e do tecido adiposo e induz o surgimento dos *transportadores de glicose GLUT4* na membrana plasmática dessas células. Os transportadores GLUT4 funcionam como "bocas de lobo" que dão vazão rápida à glicose do sangue para o interior das células, devolvendo assim a concentração sanguínea de glicose a níveis normais (normoglicemia). Dentro das células musculares, as moléculas de glicose são novamente unidas, como nos hepatócitos, e formam grandes quantidades de glicogênio. Nas células do tecido adiposo, as moléculas de glicose são transformadas em substâncias que servem de peças de montagem dos TAG, o principal componente dos adipócitos.

Desse modo, o amido do arroz, da batata e do macarrão, ingeridos em grandes quantidades nos dias de repouso precedentes à maratona, foi transformado por conjuntos específicos de reações do nosso metabolismo e serviu para "encher os reservatórios de energia" do nosso corpo, especialmente o fígado e as células musculares. Vamos explorar um pouco a variedade de fenômenos que acabamos de descrever.

De onde vem e para onde e como vai a energia de que precisamos

O amido ingerido como arroz, batata ou macarrão é desmontado até glicose. Tal quebra resulta da reação entre o amido e as moléculas de água da saliva e da secreção intestinal que atacam e desfazem os pontos de união entre as moléculas de glicose, e é por isso chamada de hidrólise do amido. Sempre que amido (ou o glicogênio) e água estiverem em contato, em temperaturas próximas de 37 graus, haverá reação. Nossas α-amilases e α-1,6-glicosidases tornam esse processo bem mais rápido, atuando como catalisadores, ou seja, como enzimas, mas a hidrólise do amido (ou do glicogênio) já ocorria, independentemente das enzimas ou de quaisquer outras moléculas. Essa ocorrência autônoma caracteriza uma *reação espontânea*. Dizemos que a transformação dos reagentes amido e água no produto glicose é uma reação espontânea. A transformação oposta, moléculas de glicose se unindo formando amido (ou glicogênio) e água, é chamada de *não espontânea*, que significa, simplesmente, impossível (Figura 5). Outro exemplo de reação espontânea é a transformação de ATP e água em ADP e Pi, ou seja, a hidrólise do ATP. As hidrólises do CTP (citidina trifosfato), GTP (guanosina trifosfato) e UTP (uridina trifosfato) também são espontâneas. As reações inversas são não espontâneas. A lei de ação das massas diz resumidamente que basta *alterar a concentração dos participantes* para que ela ocorra numa ou noutra direção: se aumentarmos muito a concentração da substância que estava sendo formada, ela passa a se transformar na substância que até aquele momento estava sendo consumida. Quer dizer, se alterarmos suficientemente as concentrações de produtos e reagentes de algumas transformações, os papéis invertem-se e a direção que era espontânea deixa de ser. Essas são chamadas de *reações reversíveis* e há vários exemplos delas ocorrendo nas nossas células. Mas para a hidrólise do amido ou do glicogênio é *impossível* alterar tanto as concentrações de glicose de modo a tornar espontânea a síntese de amido, ou do glicogênio, a partir de glicose e água. A mesma coisa vale para a hidrólise do ATP – nossas células não conseguem atingir os valores extremos de concentração que levariam à síntese de ATP e água a partir de ADP e Pi. E então surge um enorme problema: *como repomos o ATP consumido pela miosina?* ou consumido pela bomba de cálcio? E como fazemos para, uma vez dentro do hepatócito ou da célula muscular, forçar as moléculas de glicose a seguirem um caminho que termina com a síntese de glicogênio, como descrevemos anteriormente? Prepare-se porque a resposta é cheia de desvios! Isso é possível porque a célula não tenta produzir o glicogênio apenas a partir de glicose, nem adicionar diretamente a glicose ao glicogênio que restava, mas faz, isso sim, que a glicose reaja antes com o ATP, libere ADP e produza *glicose-6-fosfato*, que é convertida depois a glicose-1-fosfato e reage com o

FIGURA 5. UM *CAMINHO IMPOSSÍVEL PARA A CÉLULA* AUMENTAR SUAS RESERVAS DE GLICOGÊNIO É TENTAR ADICIONAR DIRETAMENTE UMA MOLÉCULA DE GLICOSE AO GLICOGÊNIO PREEXISTENTE. ESSA REAÇÃO É DITA NÃO ESPONTÂNEA. E NENHUMA ENZIMA É CAPAZ DE ACELERAR UMA REAÇÃO QUE SEJA NÃO ESPONTÂNEA.

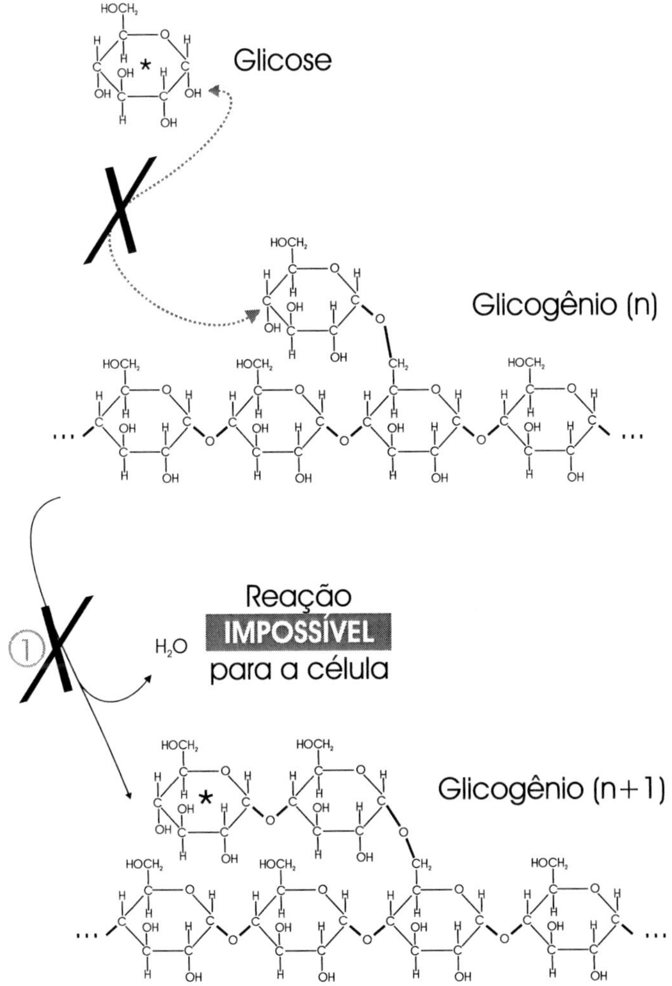

UTP, liberando dois grupamentos fosfato ligados (pirofosfato ou PPi) e uma molécula mista entre glicose e uridina difosfato, chamada *UDP-glicose*. O pirofosfato é hidrolisado posteriormente a dois Pi. Todas essas *reações são espontâneas* e as enzimas que as catalisam são hexoquinase (no músculo) ou glicoquinase (no fígado), fosfoglicomutase, UDP-glicose pirofosforilase e pirofosfatase. *A UDP-glicose transfere ao glicogênio sua parte de glicose, em outra reação que é também espontânea*, catalisada pelo glicogênio sintase, liberando o UDP e adicionando ao glicogênio mais uma unidade de glicose. Complicado? Dê uma olhada na Figura 6, que talvez tudo fique mais simples (mas não se preocupe se você continuar achando complicado. A simplicidade da bioquímica vem com o tempo).

A reação de síntese do glicogênio que ocorre nas células hepática e muscular *não é, portanto, o inverso* da hidrólise que ocorre no trato digestivo porque isso seria inviável, mas segue o caminho que *se tornou possível pela participação do ATP e do UTP como reagentes*. Formam-se como produtos o ADP, UDP, 2Pi e, o que interessa, o glicogênio. O UDP reage posteriormente com o ATP, resultando em UTP e ADP, o que mantém UTP disponível para as novas reações com a glicose e novos ciclos de síntese de glicogênio. Mais à frente você verá como repomos o ATP. Resumindo, poderíamos dizer, como se diz comumente, que o UTP e o ATP forneceram energia para a síntese do glicogênio. O correto, no entanto, é dizer que *a participação do UTP e do ATP como reagentes junto com a glicose resultou em reações espontâneas naquelas condições celulares* e que um dos produtos dessas reações é o glicogênio. Esse é o segredo comum das células do nosso corpo para realizarem as tarefas que levam ao crescimento e à reprodução, conhecidas em conjunto como anabolismo: encontrar um caminho que produza o composto de interesse

FIGURA 6. *UM CAMINHO POSSÍVEL PARA A CÉLULA* AUMENTAR SUAS RESERVAS DE GLICOGÊNIO É TRANSFORMAR A MOLÉCULA DE GLICOSE SUCESSIVAMENTE EM GLICOSE-6-FOSFATO, DEPOIS GLICOSE-1-FOSFATO, E DEPOIS EM UDP-GLICOSE, QUE PODE, FINALMENTE, REAGIR COM O GLICOGÊNIO PREEXISTENTE. A PARTICIPAÇÃO DO ATP E DO UTP COMO REAGENTES TORNOU POSSÍVEL ESSE CAMINHO PARA O AUMENTO DAS RESERVAS DE GLICOGÊNIO.

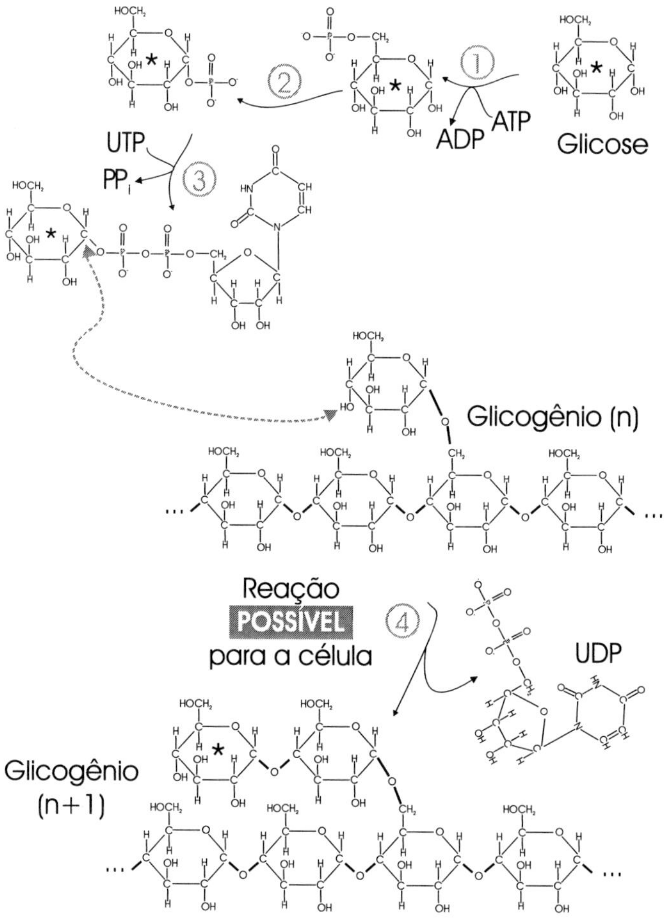

com o ATP, ou qualquer outro ribonucleosídeo trifosfato, participando como reagente. Assim, a chance de desse caminho ser possível é alta, já que a tendência de o ATP transformar-se em ADP e Pi é enorme. Com essa estratégia nossa célula consegue sintetizar proteínas, lipídeos e ácidos nucleicos a partir dos respectivos monômeros; consegue transportar substâncias de uma região de menor concentração para uma de maior concentração; se for um neurônio, consegue mover organelas pelas longas extensões do axônio; se for uma célula do músculo, consegue contrair-se e diminuir de dimensões. Com essa estratégia conseguimos, enfim, realizar aquelas tarefas que *diferenciam os seres vivos dos seres inanimados*. A evolução agiu selecionando organismos com enzimas capazes de catalisar tais reações. Por isso a primeira preocupação de qualquer célula do nosso corpo é manter altas as concentrações de ATP, qualquer que seja a situação ambiental que o organismo enfrente. Essa é a primeira tarefa indispensável a toda célula: se a situação ambiental muda e agora *a velocidade do consumo de ATP aumentou*, por uma necessidade de se locomover com rapidez, por exemplo, *devem-se elevar também as reações que repõem o ATP*. Se a concentração de ATP diminuir muito, todas aquelas reações que o têm como reagente iriam parar. Algumas delas podem parar por um momento sem prejuízo para a célula. As que sintetizam lipídeos e glicogênio diminuem de velocidade por mecanismos regulatórios que visam à economia de ATP, preservando-o para outras reações essenciais na manutenção da estrutura celular e que têm de ocorrer permanentemente, como a saída de sódio e a entrada de potássio, catalisadas pela bomba de sódio e potássio. Guarde bem: *a primeira preocupação das nossas células é manter constante a concentração de ATP*. Isso quer dizer que a natureza selecionou mecanismos moleculares capazes dessa tarefa. Feitas essas observações, voltemos ao atleta.

Passar do repouso ao exercício exige maleabilidade em todos os níveis

Quando o atleta inicia o exercício, as células dos músculos esqueléticos podem passar a consumir até cem vezes mais ATP. O maratonista inicia num ritmo moderado, já que terá de manter-se em atividade pelos próximos 42 quilômetros. O sinal de largada interpretado pelo sistema nervoso central do corredor faz que as células da glândula suprarrenal secretem na corrente sanguínea o hormônio adrenalina que serve para adaptar o corpo à nova situação de exercício. Esse hormônio é o sinal para todos os tecidos do corpo que existe possibilidade de perigo ou exigência extrema. Diferentemente da insulina, a adrenalina não é uma proteína, mas uma molécula pequena derivada do aminoácido tirosina. Ao atingir as células dos músculos esqueléticos, a adrenalina se associa *a uma proteína da membrana, chamada de receptor de adrenalina*, e faz que a parte interna do receptor mude de estrutura e propriedades e induza, por meio de algumas etapas, a produção de *AMP cíclico*. Este, por sua vez, estimula várias outras enzimas culminando com a transformação do glicogênio, que fora sintetizado na situação de repouso, em glicose-1-fosfato, cuja degradação produzirá ATP.

É importante atentar para o primeiro passo da atividade da adrenalina sobre as células musculares. Há uma proteína presa à membrana plasmática chamada *receptor de adrenalina*, que é uma proteína integral, com uma parte extracelular, uma transmembrânica e uma intracelular. *A ligação com a adrenalina se dá na parte extracelular*, mas, como consequência, *a parte intracelular do receptor muda de propriedade* e passa a estimular proteínas que levarão à síntese de AMP cíclico. A adrenalina ao ligar-se alterou a estrutura da parte extracelular do receptor, que propagou tal mudança através da parte transmembrânica até o domínio intracelular, que por sua vez mudou de propriedade e passou a modificar proteínas intracelulares. A consequência final foi a degradação do glicogênio. *A adrenalina exerce efeito sobre a célula muscular apenas porque esta tem um receptor sensível à adrenalina.* Qualquer hormônio age sobre determinado tipo de célula se ela produzir alguma proteína capaz de mudar de atividade após associar-se a ele. A insulina age sobre os adipócitos, células musculares e hepatócitos porque tais células sintetizam um receptor para insulina. *Se dois tipos diferentes de células produzirem receptores diferentes para um mesmo hormônio, ele pode exercer efeitos diferentes nessas duas células.* Sem receptor a célula é insensível ao hormônio. Sem hormônio o receptor tem uma atividade; com hormônio ligado a atividade do receptor muda. Como os adipócitos também apresentam um receptor para a adrenalina semelhante ao produzido pelas células musculares, o hormônio também estimula a produção de AMP cíclico nos adipócitos. Mas, lá, a consequência é o aumento da velocidade de degradação dos lipídeos, produzindo ácidos graxos livres que serão lançados ao sangue e transportados para os músculos pela albumina sérica.

Como repomos o ATP (parte 1)? O metabolismo aeróbio e a oxidação em etapas orquestrada pela célula

A transformação da glicose e do oxigênio em dióxido de carbono e água é feita nas nossas células em várias etapas divididas em *três grupos de reações, ou vias metabólicas*, conhecidos como glicólise, ciclo de Krebs e cadeia de transporte de elétrons. Na primeira via – a *glicólise* – a glicose que acabou de ser absorvida do sangue ou a glicose-1-fosfato que veio da degradação do glicogênio *é transformada em duas moléculas de piruvato, com formação simultânea de duas moléculas de ATP*. Há também a participação de duas moléculas de NAD+, que se transformam em NADH. Essas moléculas são derivadas da *vitamina niacina*. Todas as reações da glicólise ocorrem no citosol. Cada molécula de piruvato é transportada para o interior da mitocôndria onde reage com a coenzima A, derivada do nutriente essencial *ácido pantotênico*, e se transforma em acetil-coenzimaA, ou simplesmente acetilCoA. Essa reação também libera uma molécula de dióxido de carbono e transforma mais um NAD+ em NADH. A acetilCoA reage com o oxaloacetato dando início ao *ciclo de Krebs*, que continuará com mais oito reações, das quais duas liberam dióxido de carbono e transformam NAD+ em NADH. Numa das reações há também a transformação de FAD em FADH2, derivado da *vitamina riboflavina*; em outra reação ocorre a formação de um GTP a partir de GDP e Pi; e em outra a formação de mais um NADH. Ao fim da glicólise e do ciclo de Krebs, *a molécula de glicose foi transformada em seis moléculas de dióxido de carbono e proporcionou a formação de duas moléculas de ATP e duas de GTP*. No entanto o mais importante foi a formação das moléculas NADH e FADH2, pois nelas estão os elétrons roubados da molécula de glicose. O número de oxidação do carbono na molécula de glicose é zero e na molécula de CO_2 é +4. Portanto, cada carbono perde quatro elétrons. Como a molécula de glicose tem seis carbonos e todos foram convertidos em CO_2, ao todo, 24 elétrons foram perdidos. *Cada par desses elétrons foi captado por uma molécula de FAD ou NAD+, que, ao se associarem a H+ do meio, transformaram-se em FADH2 ou NADH*. O fato de a molécula de FAD captar dois prótons e a de NAD+ apenas um é irrelevante. O importante é que as duas são receptoras dos pares de elétrons da molécula de glicose. Tais transformações são na verdade reações de redução de coenzimas, que acompanham as de oxidação dos átomos de carbono. *As coenzimas reduzidas – FADH2 e NADH – são substratos da cadeia de transporte de elétrons.* As enzimas envolvidas em cada uma das quatro etapas da cadeia de transporte de elétrons são proteínas da membrana interna da mitocôndria. As duas primeiras, chamadas de complexos I e II, catalisam a transferência dos elétrons das coenzimas reduzidas, NADH e FADH2, respectivamente, para a molécula *ubiquinona*, transformando-a em *ubiquinol* e restaurando as formas oxidadas, NAD+ e FAD, das coenzimas. A próxima enzima da via, chamada de complexo III, retira os elétrons do *ubiquinol*, transformando-o assim de volta a ubiquinona, e os transfere para os átomos de Fe^{3+} firmemente associados a pequenas proteínas da face externa da membrana interna mitocondrial chamadas *citocromo C*, reduzindo-os desse modo para Fe^{2+}. A última enzima da via, chamada de complexo IV, transfere os elétrons de dois átomos de Fe^{2+} de moléculas de *citocromo C* para os dois átomos de uma molécula de *oxigênio*, repondo o citocromo C na forma oxidada (com o átomo de Fe^{3+}), consumindo oxigênio e, finalmente, produzindo *água*. Só então podemos considerar que a oxidação completa da glicose na forma que a conhecemos, com a participação de oxigênio e a formação de dióxido de carbono e água, foi completada. Vê-se por que essa via tem o nome de cadeia de transporte de elétrons, já que é composta por *reações de transferência de elétrons*, reações de redução/oxidação, que levam os elétrons das coenzimas reduzidas até o oxigênio, transformando-o em água e devolvendo as coenzimas ao estado oxidado. Mas a característica mais importante da CTE é que os complexos I, III e IV, ao catalisarem as transferências de elétrons, simultaneamente *bombeiam para fora da mitocôndria H+, e tornam a região exterior adjacente à membrana interna mitocondrial 25 vezes mais rica em prótons que a região interna*. É desnecessário ressaltar a enorme tendência que os prótons têm, nessa situação, de voltar ao interior da mitocôndria. Eles o fazem por meio de outra proteína integral da membrana interna mitocondrial chamada *ATP sintase*. Essa fantástica máquina molecular gira, como um rotor, ao permitir a volta dos prótons para o interior da mitocôndria e *transforma ADP e Pi em ATP*. Ela é a nossa principal fábrica de ATP e toda a transformação de glicose em dióxido de carbono e água tem a finalidade de dar as condições para que ela funcione, ou seja, de fornecer-lhe as concentrações muito maiores de H+ do lado de fora da mitocôndria, seu substrato fundamental. Funcionando, a glicólise, o ciclo de Krebs e a CTE são capazes de produzir aproximadamente trinta moléculas de ATP a partir de ADP e Pi para cada molécula de glicose transformada em CO_2 e H_2O.

É interessante observarmos que grande parte dessa via de produção de ATP é compartilhada quando nossa célula degrada gorduras em vez de glicogênio. Estimulados pela adrenalina, os adipócitos desmontam os TAG e liberam o glicerol e os ácidos graxos ao sangue. *Essa transformação inicial é chamada de lipólise*. No sangue, os *ácidos graxos* ligam-se à *albumina sérica*, são transportados e captados pela célula muscular e penetram na mitocôndria usando a *carnitina* como carreador provisório. Essa é uma etapa muito importante na regulação da degradação de gorduras. Dentro da mitocôndria os ácidos graxos são sucessivamente degradados em acetilCoA, com transformação simultânea de FAD em FADH2 e NAD+ em NADH, num conjunto de reações conhecidas por *β-oxidação*. Perceba que após esse ponto tornam-se indistinguíveis a degradação dos ácidos graxos e a degradação da glicose, pois ambos foram transformados em acetilCoA e coenzimas reduzidas. Dizemos que a degradação de ácidos graxos e a degradação de carboidratos convergiram e daqui para a frente seguirão, como uma só, para o ciclo de Krebs e CTE.

Enzimas alostéricas coordenam o metabolismo

Imagine que a célula muscular iniciou uma série intensa de contrações, aumentando muito a velocidade com que a miosina transforma o ATP em ADP e Pi. Muitas das enzimas da glicólise têm sua estrutura alterada e tornam-se mais eficientes quando o ATP, em concentrações menores, dissocia-se delas. Dizemos nessa situação que *o ATP atua como um inibidor alostérico da enzima*. Ao contrário, o ADP quando está em altas concentrações liga-se a algumas enzimas da glicólise alterando levemente sua estrutura e tornando-as mais eficientes. Assim, a diminuição na concentração de ATP e o aumento na concentração de ADP e Pi funcionam como um sinal para a *aceleração da glicólise*. A contração muscular acaba estimulando a glicólise, pois tende a diminuir a concentração de um inibidor (ATP) e aumentar a concentração de um ativador (ADP). O resultado é que *aumenta a velocidade da conversão de glicose em piruvato*. Também a ATP sintase eleva sua velocidade, não por ter ATP ou ADP como sinais, mas por ser o ADP um substrato cuja disponibilidade era limitante. Aumentando a atividade da ATP sintase, sobe o fluxo de prótons para o interior da mitocôndria e a leve diminuição resultante na diferença de concentração de prótons entre o exterior e o interior da mitocôndria facilita a atividade das enzimas da CTE, elevando a velocidade de consumo de NADH e FADH2 e a produção de NAD+ e FAD. As coenzimas na forma oxidada estimulam tanto as enzimas da β-oxidação como as do ciclo de Krebs, e aceleram a produção e o consumo de acetilCoA, a produção de CO_2 e, consequentemente, a reposição do NADH e FADH2 intensamente consumidos pela CTE. *Nesse quadro as vias que produzem ATP (as vias catabólicas) respondem à maior atividade da miosina possibilitando que ATP continue disponível tanto para a miosina como para a bomba de cálcio e para todos os outros processos que exigem o ATP como reagente*. A célula conseguiu cumprir sua tarefa fundamental de manter a concentração de ATP alta e livre de grandes oscilações. E aqui podemos destacar sobre que ponto a evolução agiu: foram selecionadas enzimas cuja atividade era controlada pela associação ao ATP ou ao ADP, de modo a conectarem a produção de ATP às necessidades de consumo impostas pelo ambiente. Essa sensibilidade de enzimas a determinadas substâncias é bem semelhante à influência de um hormônio sobre o seu receptor. *O receptor é de fato uma enzima, e podemos considerar o hormônio como um sinal alostérico que veio de uma via metabólica de outra célula*. Lembre-se que a adrenalina é secretada pela glândula suprarrenal logo no início do exercício e leva à formação do reagente inicial da glicólise por induzir a degradação do glicogênio intramuscular. A alosteria associa mais intimamente as enzimas a aspectos específicos da composição do seu meio, além dos seus substratos e produtos. Se uma enzima da via metabólica A for sensível a um composto da via metabólica B, a via A funcionará de certo modo "a reboque" da B. À medida que mais e mais conexões desse tipo são estabelecidas, o metabolismo se torna integrado na célula e, com a participação de hormônios, integrado no organismo. O resultado de todos esses processos é *a harmonia entre o estado metabólico de produção e consumo de energia e as obrigações impostas pelo ambiente*.

Como repomos o ATP (parte 2)? O metabolismo anaeróbio e a produção de ácido láctico

E o que está acontecendo com o nosso atleta neste exato momento? Talvez ele tenha acelerado o ritmo e passado a consumir ATP numa taxa mais elevada. Há limites para a nossa capacidade aeróbica de reposição de ATP. Quando a intensidade das contrações é muito alta e mantida por longo tempo, a velocidade máxima da CTE não consegue repor todo o NAD+ e o FAD necessários à glicólise, ao ciclo de Krebs e à β-oxidação, determinando também para essas vias um limite máximo de atividade. A glicólise, no entanto, é capaz de escapar parcialmente a essa limitação e repor ela mesma o NAD+ de que necessita. Quando a atividade da glicólise supera o limite imposto pela CTE, o piruvato acumulado diminui a velocidade com que é transformado em acetilCoA, o que exigiria NAD+, e passa a *reagir preferencialmente com o excesso de NADH, retransformando-o em NAD+ e reduzindo-se a lactato*. Assim o NAD+ poderá continuar participando das etapas anteriores da glicólise onde ele é necessário e a dependência da CTE é superada. Tal modo de funcionamento transforma a glicólise em uma via anaeróbica, independente de oxigênio, chamada de fermentação lática. Apesar de ela produzir aproximadamente quinze vezes menos ATP por molécula de glicose que o ciclo de Krebs e a CTE, ela tem *a enorme vantagem de fazê-lo rapidamente, dispensando o rentável mas longo e lento caminho da participação do oxigênio*. A glicólise permite uma alta taxa de reposição de ATP e, consequentemente, uma alta atividade da miosina, mesmo que por períodos bem limitados de tempo. O lactato produzido nessas condições é lançado na corrente sanguínea, e captado e reconvertido a piruvato pelas células do fígado que mantêm sempre concentrações suficientes de NAD+. Não é possível manter por muito tempo a glicólise na sua velocidade máxima, pois a produção de ácido lático tende a diminuir o pH da célula e do sangue, o que resultaria na modificação da estrutura de várias proteínas celulares e sanguíneas. Também o fornecimento de glicose ao músculo a partir do sangue ou a partir da degradação do glicogênio intramuscular não é capaz de suprir por muito tempo as necessidades de uma célula em atividade glicolítica elevada. E nem nosso organismo poderia permitir que o músculo fosse livremente suprido pela glicose sanguínea, pois outros tecidos dependem quase exclusivamente da glicose do sangue, como o tecido nervoso e as hemácias. *Manter as concentrações sanguíneas de glicose o mais constante possível é a segunda preocupação fundamental do nosso organismo. A primeira é a preocupação individual de cada célula em manter constantes suas concentrações de ATP*, como mencionado anteriormente. Ao discutirmos o diabetes voltaremos a esse tema. Dessas limitações de pH e de fornecimento de material decorre a limitação no período durante o qual a glicólise consegue suprir ATP para a contração.

É interessante que a existência das vias aeróbica e anaeróbica para utilização de carboidratos acabou se refletindo numa diferenciação do tecido muscular. Há um tipo de célula, ou fibra, do músculo estriado que obtém sua energia preferencialmente por meio do metabolismo aeróbio da glicose. São células vermelhas, de contração mais lenta, mas com alta resistência à fadiga. Outro tipo de fibra transforma normalmente a glicose em lactato, pode contrair-se mais rapidamente que as fibras vermelhas e é de coloração mais pálida. As *fibras vermelhas* de metabolismo aeróbio são chamadas de *fibras tipo I*, ou de *contração lenta*, e as de metabolismo *anaeróbio* são chamadas de *tipo IIb*, ou de contração rápida. Existe também o tipo de fibra tipo IIa, que é como um misto das fibras I e IIb, apresentando níveis semelhantes de metabolismo aeróbio e anaeróbio e contração rápida. As fibras aeróbicas, tipo I, são vermelhas, pois são ricas em *mioglobina*, uma proteína com capacidade de se ligar ao oxigênio, e em mitocôndrias, que têm pigmentos associados às proteínas da cadeia de transporte de elétrons. Tal *profusão de mitocôndrias* dá às células tipo I a alta capacidade de *metabolismo aeróbio*. Lembre-se que a mitocôndria é a nossa fábrica de produção em larga escala de ATP, movida a acetilCoA e a oxigênio, local da cadeia de transporte de elétrons e do ciclo de Krebs. Por outro lado, as fibras *tipo II*, apesar de serem pobres em mitocôndrias, têm *alta concentração das enzimas envolvidas na glicólise*, de modo a transformar rapidamente glicose em lactato. A proporção de fibras de contração lenta e de contração rápida varia entre diferentes músculos do nosso corpo, e entre o mesmo tipo de músculo de indivíduos diferentes. Tal variação tem uma causa genética predominante, quer dizer, você nasce com a determinação genética do percentual de fibras vermelhas e brancas de seus músculos. Isso pode acabar definindo suas aptidões para determinado esporte. Já foi observado que corredores de 100 metros rasos têm predominância de células tipo II no principal músculo da panturrilha, chamado gastrocnemius (75% de tipo II), enquanto maratonistas têm predominância de células tipo I (80%). Essa proporção variável entre indivíduos é determinada geneticamente e muda muito pouco pelo treinamento. É interessante observar nesse exemplo como uma *característica celular* (a concentração de enzimas e organelas dedicadas a determinada via metabólica) acaba influenciando decisivamente uma *aptidão do organismo* como um todo.

Suplementação de ergogênicos funciona?

Existe outra via, de apenas uma reação, que repõe o ATP numa velocidade maior ainda que a glicólise, mas com uma capacidade menor – a *via da creatina-fosfato* (ou fosfocreatina). A *creatina* é uma molécula pequena, derivada dos aminoácidos glicina e arginina, que pode ser transformada em creatina-fosfato ao receber um grupamento fosfato do ATP, com produção de ADP. Isso ocorre quando há disponibilidade de ATP, no repouso por exemplo. Logo após o início da contração os níveis de ATP tendem a diminuir e os de ADP a aumentar. *A lei de ação das massas faz a reação da creatina-fosfato ocorrer no sentido inverso*, resultando na doação do seu grupamento fosfato para o ADP e produzindo ATP e creatina. Essa reação única, catalisada pela enzima creatina quinase, é a primeira resposta da célula muscular a uma queda repentina nas concentrações de ATP. Podemos considerar a creatina-fosfato como uma forma disfarçada de a célula armazenar ATP, uma forma de fácil e rápida mobilização. A ideia por trás da suplementação de creatina pressupõe que, se elevarmos a sua concentração no músculo, aumentaremos também a concentração de creatina-fosfato e, portanto, a capacidade de reposição rápida de ATP em situações de necessidade extrema. De modo similar, a suplementação com carnitina supõe que, uma vez que esta é essencial para a entrada dos ácidos graxos de cadeia longa no interior da mitocôndria, onde são degradados, aumentar a concentração de carnitina elevaria nossa capacidade de degradar gorduras. *Creatina e carnitina seriam, desse modo, substâncias com capacidade de aumentar nosso poder de geração de energia*, ou seja, seriam *ergogênicos*. Veja que esse raciocínio de aumentar um reagente essencial e consequentemente elevar a intensidade de um processo é, à primeira vista, válido como argumento. E tem um impressionante poder de persuasão, quando dito por um vendedor de suplementos ergogênicos a uma pessoa leiga. Mas, para a creatina e a carnitina funcionarem de fato, veja quantos pré-requisitos têm de ser obedecidos:

1) a carnitina e a creatina têm de ser *absorvidas* pelo nosso sistema digestivo;
2) a carnitina e a creatina têm de ser *incorporadas* pelas células musculares;

3) o excesso de creatina deve permanecer no *citosol*, enquanto o de carnitina deve ser capaz de chegar à *mitocôndria* (nenhum dos dois pode se acumular em outras organelas celulares);
4) o aumento celular na concentração de creatina e de carnitina, por causa da suplementação, não deve *diminuir* proporcionalmente a síntese *endógena* dessas duas moléculas. Se acontecer isso, ficam elas por elas, e a única mudança é você passar a pagar por algo que seu corpo antes sintetizava;
5) a quantidade de creatina e de carnitina deve ser o *fator limitante* dos processos, e não outro participante como, por exemplo, a concentração das enzimas creatina quinase e carnitina acil transferase (a enzima que liga os derivados de ácidos graxos à carnitina). Do contrário, seria como adicionar aerofólios para aumentar a velocidade máxima de um carro cujo verdadeiro problema é um motor fraco;
6) *a carnitina e a creatina não devem apresentar efeitos colaterais prejudiciais.*

Só essa última observação já seria suficiente para encararmos com muita seriedade e cautela qualquer suplementação com fins ergogênicos.

Além de tudo isso pense no seguinte: se você é um atleta, a creatina pode ser benéfica. Há, para a creatina, ao contrário do que existe para a carnitina, uma série de estudos que mostram as vantagens da suplementação. Mas isso ocorre para atletas e pessoas que praticam exercícios físicos de modo sistemático. Se você está iniciando sua preparação física agora, passando a frequentar academias de musculação, tentando perder os primeiros quilos, nem pense em ir atrás de suplementação! Suas necessidades são bem mais básicas. *Busque orientação sempre com um nutricionista, com um médico e com um professor de educação física.*

VO_2 máximo, ou o poder da nossa fornalha

Quando você sai do repouso e inicia uma caminhada moderada, há uma *intensificação da glicólise, ciclo de Krebs e CTE, com um aumento observável do consumo de oxigênio*. À medida que você aumenta a velocidade, passando a correr levemente, as vias passam a funcionar em *velocidade ainda maior e aumenta ainda mais o consumo de oxigênio*. Uma nova elevação na intensidade da corrida provocará um novo crescimento na quantidade de oxigênio consumido e isso se repetirá até um determinado nível de esforço, além do qual, mesmo que você suba a intensidade da corrida, não haverá um aumento correspondente do consumo de oxigênio. Dizemos que *você chegou ao seu VO2 máximo*, ou seja, a *maior velocidade de consumo de oxigênio que o seu organismo é capaz de atingir*. Um maratonista campeão tem um VO2 máximo por volta de 80 mililitros por quilograma de peso por minuto (80 mL.kg-1.min-1). O de uma pessoa sedentária é próximo de 30 mL.kg-1.min-1. À medida que realizamos treinamentos de resistência, corridas moderadas e regulares, o nosso VO2 máximo vai lentamente se elevando e após dois ou três meses atinge um patamar. Por trás dessa elevação de capacidade de consumir O_2, ao nível sistêmico e celular, encontramos aumentos no:

- volume de *sangue bombeado* em cada contração cardíaca;
- número e calibre dos *vasos sanguíneos* que irrigam nossos músculos, elevando a capacidade de fornecimento de oxigênio e retirada de gás carbônico;
- número e tamanho das *mitocôndrias* das fibras tipo I;
- teor de *mioglobina*;
- concentração de *enzimas* do ciclo de Krebs e da β-oxidação;

— concentração de *glicogênio* (praticamente o dobro da de indivíduos sedentários) e de *TAG intramusculares*.

Todas essas alterações estão relacionadas a um incremento da capacidade aeróbica dos nossos músculos. Elas são a causa molecular de uma alteração fisiológica, mensurável por meio do VO2 máximo, induzida quando cumprimos uma estratégia específica de treinamentos composta por atividade física prolongada e de intensidade moderada.

Se nos submetemos a um treinamento de características opostas, com exercícios de *alta intensidade* e curta duração, como tiros de 100 metros rasos, as fibras *tipo II* responderão majoritariamente (mas não exclusivamente) pelas modificações celulares. Haverá um aumento na concentração de *creatina-fosfato* e das enzimas *creatina quinase* e da *glicólise*, bem como uma elevação na concentração de compostos capazes de se associar ao H+ resultante da produção de lactato, como bicarbonato, e de manter o pH intracelular mais próximo da neutralidade. Nesse caso, as modificações celulares buscaram uma maior adaptação ao fornecimento rápido de ATP, mesmo que por períodos limitados de tempo.

O exercício regular aumenta as chances de corpo e mente saudáveis

A prática de exercício regular melhora a qualidade de vida. Um dos motivos mais importantes é que a prática regular de exercício de resistência *diminui a incidência de obesidade*, ou seja, o excesso de tecido adiposo associado à diabetes tipo II, hipertensão e doenças cardiovasculares. Em mulheres idosas, após a menopausa, há a vantagem adicional de o exercício diminuir a perda óssea, chamada de *osteoporose*, que fragiliza os ossos e predispõe a fraturas. Outro aspecto importante é que atividades lúdicas diminuem o estresse, melhoram o humor e levam a um estado de espírito mais positivo, mesmo que realizadas de modo informal. Sob esse aspecto merece ser ressaltado que às vezes a introdução da atividade física em indivíduos com tendência ao sedentarismo deve começar com a proposição de atividades lúdicas, cujo único compromisso é a realização regular. Sabe-se também que a atividade física eleva a síntese de endorfinas, pequenas proteínas (peptídeos) capazes de se associar aos mesmos receptores reconhecidos por drogas derivadas do ópio. Talvez isso diminua a percepção de dor e induza outras sensações de bem-estar.

O efeito placebo

Placebo é um controle negativo em um experimento. Para quantificar a eficiência de um ergogênico, os aminoácidos de cadeia ramificada (os BCAA), por exemplo, selecionamos atletas de características semelhantes e formamos dois grupos: um receberá uma substância inerte misturada aos BCAA e outro receberá apenas a substância inerte. Após um período de treinamento, determina-se qual grupo evoluiu mais. Muito importante destacar que o experimento é realizado sem que os atletas saibam quem recebeu o quê. No entanto, quando uma pessoa compra BCAA visando melhorar o desempenho, ela obviamente tem a expectativa de ser "auxiliada" pelo suplemento. Afinal ele é vendido como ergogênico. Para testar a eficiência dos BCAA com tal "expectativa subjetiva" é necessário fazer um experimento onde alguns atletas são "enganados" – dizemos que eles estão ingerindo BCAA, mas não estão. Assim testa-se o efeito psicológico dos BCAA! Normalmente os atletas "enganados" saem-se melhor que o grupo da substância inerte. Portanto, um testemunho pessoal sincero, de alguém que percebeu melhoras no próprio desempenho com certo suplemento ergogênico, pode às vezes refletir apenas a sugestionabilidade da pessoa. E esse testemunho pessoal sincero pode vir até de você mesmo! Isso é bom ou é ruim? Bem, é ruim se você concluir (erroneamente) que nenhum ergogênico funciona, mas é ótimo se você perceber que há um "ergogênico endógeno" em todos nós, que pode melhorar nosso desempenho em todos os campos de atividade. Será o tal *"pensamento positivo"*?

3 Molécula saudável, corpo saudável

Falta de insulina: a *diabetes melittus* tipo I

As células β do pâncreas são nossas fábricas de insulina. Quando o teor de glicose no sangue sobe após uma refeição, elas secretam a insulina, que fará surgir nas membranas das células musculares e dos adipócitos "portas" seletivas para a glicose do sangue. Toda essa ação se dá como consequência da associação da insulina aos receptores. No hepatócito, a insulina interrompe a produção e liberação de glicose (uma via chamada de *gliconeogênese*) que, no período anterior à refeição, quando a concentração de insulina era baixa, vinha mantendo a normoglicemia. O hepatócito é, por isso, a célula responsável por sintetizar glicose e lançá-la ao sangue para ser utilizada pelas hemácias e pelas células do tecido nervoso, que não têm capacidade de utilizar ácidos graxos das gorduras. Quando nos alimentamos, essa ação do hepatócito torna-se dispensável. *A insulina funciona como harmonizador entre o estado metabólico do nosso organismo e a situação de disponibilidade de glicose*. Mas por que as células do pâncreas secretam automaticamente insulina em resposta à glicose? A glicose absorvida pelo epitélio digestivo e lançada ao sangue aumenta a glicemia em aproximadamente três vezes (de 3 a 5 mM para 10 a 15 mM). Ao contrário das células musculares e adipócitos, há nas células β do pâncreas transportadores de glicose do tipo GLUT2 que permitem sempre uma conexão imediata entre a glicose do sangue e a glicose intracelular. *A concentração de glicose no interior das células β do pâncreas tende, por isso, a subir junto com o aumento da glicemia.* Transformada pelas vias degradativas, a glicose eleva a concentração de ATP nas células, β tornando-o disponível para se ligar a, e inibir, facilitadores de difusão para o íon potássio (K^+) da membrana plasmática que de outro modo estariam permitindo a saída contínua de K^+ do citosol, onde está mais concentrado. A interrupção desse processo faz surgir um excesso de cargas positivas na face interna em comparação com a face externa da membrana das células β, fenômeno que chamamos de *despolarização*. Esta provoca um influxo de $Ca2+$ que, finalmente, induz à *fusão das vesículas que armazenavam a insulina com a membrana plasmática das células β e à liberação da insulina na corrente sanguínea*. Veja de novo essa cadeia de eventos concatenados que, como você deve desconfiar, esconde um sem-número de eventos menores, incontáveis tipos de interações entre moléculas e modificações de estruturas e propriedades. Vamos porém abdicar da análise mais minuciosa de cada etapa e dirigir nosso foco para a situação patológica vivenciada por alguns indivíduos que precisam de injeções diárias de insulina. Neles, por motivos ainda não totalmente conhecidos, houve o surgimento de anticorpos contra componentes das células β do pâncreas, às vezes contra a própria insulina. Esse é um exemplo de uma *doença autoimune*, em que o sistema imunológico ataca uma estrutura do próprio organismo como se fosse de origem externa. Nesse caso o resultado é que as células β do pâncreas vão progressivamente sendo minadas por um estado crônico de inflamação e a capacidade de produção de insulina diminui. Tem início o que conhecemos como *diabetes mellitus tipo I*, ou *diabetes mellitus dependente de insulina*, cujas características fundamentais são hiperglicemia e baixas concentrações sanguíneas de insulina. *Diabetes* em grego quer dizer sifão; *mellitus* quer dizer doce. O nome dessa patologia foi dado pelo fato de os pacientes acometidos produzirem grande quantidade de urina, funcionando eles próprios como um sifão, e de haver glicose na urina. Essa é uma doença com forte determinação genética, apesar de se saber que elementos ambientais são importantes. Em gêmeos idênticos, por exemplo, se um é acometido de diabetes tipo I, há aproximadamente 50% de chances de o outro também o ser. Infelizmente o conjunto dos fatores ambientais importantes para o surgimento da diabetes tipo I ainda não é bem conhecido. O fato é que em indivíduos com diabetes tipo I os níveis de glicose sanguínea permanecem altos já que falta o sinal (insulina) para as *membranas plasmáticas* das células musculares e dos adipócitos recrutarem os transportadores de glicose GLUT4. Assim mantêm-se como *barreiras de baixíssima permeabilidade à glicose* e estabelece-se um interessante quadro metabólico: *há glicose disponível no sangue, mas falta glicose no interior das células musculares e adipócitos*. Para piorar, o fígado não interrompe a produção de glicose a partir de aminoácidos ou lactato e contribui para aumentar ainda mais a glicemia. O quadro é um paradoxal contraste entre fome celular em meio à fartura do organismo. Somando-se a essa situação, o fígado degrada intensamente ácidos graxos até moléculas de quatro carbonos chamadas corpos cetônicos e manda-as aos músculos. Tal produção de corpos cetônicos sempre ocorre quando há escassez de carboidratos e os hepatócitos têm de sobreviver por meio da degradação dos ácidos graxos da gordura. Os corpos cetônicos em alta concentração no sangue causam cetose e acidose, podendo levar a uma perigosa diminuição do pH sanguíneo.

Tal padrão metabólico seria típico apenas de situações em que não há disponibilidade de nutrientes para as células e o organismo tem de lançar mão das suas reservas de lipídeos e de proteínas, como no jejum prolongado. *A diabetes mimetiza a mesma escassez de alimentos.* Todos os processos anabólicos, que seriam estimulados pela insulina, estão inibidos e o conjunto de transformações predominantes nas células é o degradativo ou catabólico, aquele que visa à mobilização de macromoléculas de reserva para produção de ATP. Como se não bastasse tal jejum celular forçado, a glicose que permanece em altas concentrações no sangue provoca a longo prazo coagulação sanguínea deficiente, cegueira, problemas renais, entupimento de vasos (aterosclerose) e dificuldades no fluxo de sangue em tecidos periféricos, causando trombose e, em situações extremas, levando a necrose e amputações.

O tratamento da diabetes tipo I se baseia essencialmente na administração diária de insulina, em frequência variada, e cuidados na alimentação. De preferência *devem compor as refeições carboidratos que, por serem mais lentamente digeridos, elevam de modo suave a glicose sanguínea. Tais alimentos, ditos de baixo índice glicêmico*, incluem legumes, cereais não cozidos, alimentos ricos em fibras vegetais e amido pouco ramificado. No extremo oposto, como alimentos de alto índice glicêmico, estão, por exemplo, o pão e a batata. Para melhor regular o nível glicêmico lança-se mão também de diferentes tipos de insulina, com leves variações nas sequências de aminoácidos ou associadas a substâncias pouco absorvíveis, que as tornam insulinas de ação rápida, média ou lenta, visando diminuir o número de aplicações diárias.

Independentemente desses cuidados, a diabetes tipo I é uma das doenças cujo tratamento mais intervém na rotina do paciente. Seguindo a regra, o ideal é prevenir. Mas *como fazer para evitar que a predisposição genética se transforme em doença manifesta? Quer dizer, como descobrir quais fatores ambientais conspiram com a carga genética para o surgimento da diabetes tipo I?* Essa é uma tarefa difícil, por se tratar de uma doença autoimune. Pode-se adiar a manifestação da doença administrando drogas imunossupressoras, logo que se identificam anticorpos anticélulas β. No entanto, além dos efeitos negativos da imunossupressão, tal procedimento ainda estaria atrasado em relação a uma estratégia que evitasse o surgimento dos anticorpos anticélulas β por meio da manipulação de estímulos ambientais. Uma tática ainda mais próxima do ideal seria descobrirmos quais são os antígenos das células β que primeiro passam a eliciar a resposta imune, para podermos usá-los como vacinas que, em vez de desafiar o organismo e induzir a produção de anticorpos (como fazem as vacinas tradicionais), serviriam para reafirmar o caráter endógeno, próprio, daquelas moléculas e preservar a tolerância adquirida durante a diferenciação do sistema imune. No momento isso funcionou apenas com animais modelos. Quem sabe em alguns anos teremos procedimentos igualmente eficientes para seres humanos.

Outros problemas em transportadores de membranas: *Diabetes insipidus* e fibrose cística

Cento e oitenta litros de plasma passam todo dia do sangue para os rins (dos glomérulos para as cápsulas de Bowman); *178 ou 179 litros* são seletivamente *reabsorvidos* à medida que a urina flui pelos dutos proximais, distais e coletores do néfron. Restam de 1 a 2 litros para formar a quantidade diária de urina. Grande parte da reabsorção de água, aminoácidos e glicose é resultado da reabsorção de sódio que ocorre nos dutos proximais. Uma parte significativa de água é, no entanto, reabsorvida pelos dutos coletores, um processo controlado pelo hormônio *vasopressina* (produzido pelo hipotálamo) que torna as membranas das células dos dutos coletores *mais permeáveis à água*. A vasopressina faz isso induzindo o surgimento de moléculas do *transportador* de água *aquaporina-2* na membrana apical das células do ducto coletor, ou seja, naquela parte da membrana plasmática que está diretamente em contato com a urina do lúmen. Na parte da membrana voltada para o interstício renal (membrana basal) existem constitutivamente, ou seja, sem alteração significativa de concentração, os transportadores de água aquaporina-1 e aquaporina-3. Ao serem incorporadas à membrana apical, as moléculas de aquaporina-2 tornam as células do ducto coletor *passagem livre para a água* da urina até o interstício renal, e daí ao sangue. Quando por qualquer motivo ocorre a interrupção de produção de vasopressina, nosso organismo passa a produzir enormes quantidades de urina diluída, forçando o paciente à ingestão de quantidades semelhantes de água. Denomina-se tal patologia de *diabetes insipidus central*, para ressaltar o contraste com a urina "doce" do *diabetes mellitus* e para destacar que a causa é um defeito no sistema central hormonal de regulação. *Na diabetes insipidus não há nenhum problema com o metabolismo da glicose, com a produção de insulina, nenhuma alteração metabólica do pâncreas, fígado, adipócito ou músculo.* Aqui o defeito é a reabsorção de água pelos túbulos renais. Há, entretanto, vários pontos interessantes de comparação entre os mecanismos dessas duas patologias. *Primeiro*, a situação de interrupção de produção de vasopressina pelo hipotálamo é análoga à interrupção de produção de insulina pelas células β do pâncreas. *Segundo*, a insulina aumenta a permeabilidade das células musculares e dos adipócitos à glicose sanguínea, enquanto a vasopressina aumenta a permeabilidade das células dos ductos distais à água do lúmen. *Terceiro*, a insulina faz isso ligando-se ao receptor de insulina, uma proteína integral da membrana das células musculares e dos adipócitos, e induzindo a movimentação dos transportadores de glicose GLUT4 para a membrana plasmática. A vasopressina também se liga a um receptor das células dos ductos coletores (o receptor V2, outra proteína integral de membrana) e induz a movimentação para a membrana plasmática dos transportadores de água aquaporina-2. *Quarto*, se as células dos ductos coletores não produzirem, ou produzirem menos, o receptor V2, ou expressarem formas mutantes menos funcionais, como baixa afinidade pela vasopressina, a *diabetes insipidus* também será elicitada, mas agora de um tipo chamado nefrogênico, e não central. Quando as células dos tecidos musculares e dos adipócitos expressam menos receptores de insulina (ou são menos sensíveis ao complexo receptor/insulina), tem origem a *diabetes mellitus tipo II*, que abordaremos em maiores detalhes no capítulo seguinte, e cuja incidência é mais de dez vezes maior que a *diabetes mellitus* tipo I.

Existem casos em que a *diabetes insipidus* nefrogênica tem origem diretamente numa mutação no gene da aquaporina-2. Há inclusive mutações recessivas e mutações dominantes. Uma mutação num dos alelos do gene da aquaporina-2 pode produzir uma proteína rapidamente degradada pelas proteases intracelulares e assim diminuir a quantidade de aquaporina-2 presente nas membranas das células do epitélio do ducto coletor, já que passaria a ser produzida agora apenas pelo alelo selvagem restante. *Como tal diminuição não é suficiente para manifestações clínicas, teremos um caso de mutação recessiva.* Há outros casos, porém, em que a mutação em um dos alelos da aquaporina-2 faz surgir um mutante com a propriedade de se associar às moléculas normais de aquaporina-2 produzidas pelo alelo selvagem, formando uma proteína híbrida, que se dirige à membrana basal, aquela onde estão normalmente presentes apenas as aquaporinas-1 e -3. Isso deixa as membranas apicais com a mesma baixa permeabilidade à água. Nesse caso é como se os dois alelos do gene da aquaporina-2 tivessem sido inutilizados. O resultado é a *manifestação da doença, e a mutação passa a ser dominante*.

Passando para outra doença provocada por problemas no transporte de substâncias através das membranas celulares, vamos analisar o caso da *fibrose cística*. Os pacientes sofrendo dessa grave moléstia apresentam como sintomas característicos insuficiência respiratória e infecções pulmonares recorrentes. Há também alterações no funcionamento de órgãos como fígado, intestino, glândulas salivares e pâncreas. Os acometidos dessa moléstia têm uma expectativa de vida inferior a 40 anos, sendo 90% dos óbitos decorrentes das complicações respiratórias. As mutações associadas à fibrose cística (mais de oitocentas diferentes mutações recessivas conhecidas) localizam-se no gene CFTR, sigla para Regulador Transmembrânico de Condutância da Fibrose Cística, em inglês, que codifica uma proteína de 1.480 aminoácidos capaz de transportar o *íon cloreto (Cl^-)*. O CFTR é produzido em vários tecidos, incluindo as células do epitélio pulmonar e as glândulas submucosas localizadas imediatamente abaixo deste. Tais glândulas são responsáveis pela secreção da solução que recobre o epitélio pulmonar (conhecida por ASL), que é uma mistura de diversos íons e proteínas. No entanto, apesar de o gene do CFTR ser conhecido desde 1989, até hoje não se podem relacionar diretamente os sintomas da fibrose cística apenas às alterações no transporte de cloreto. É possível que o CFTR regule a atividade de outros transportadores de íons, como Na^+ e HCO_3^-, agravando a alteração na composição e no pH do ASL, que aumentaria de viscosidade e deixaria de ser reciclado (expectorado) pelo movimento contínuo das pequenas cerdas da superfície do epitélio pulmonar chamadas cílios. Além disso, substâncias protetoras presentes no ASL, com atividade antibacteriana e anti-inflamatória, chamadas defensinas e lipoxinas, podem diminuir de atividade quando em composição de eletrólitos ou pH alterados. De um modo ou de outro, *a deficiência na reciclagem do muco evolui para o entupimento das vias que comunicam as glândulas submucosas à superfície do epitélio, deixando ainda mais concentrado o ASL e gerando um processo cíclico que, com as infecções recorrentes das bactérias* Pseudomonas aeruginosa *e* Staphylococcus aureus, *deteriora paulatinamente o epitélio pulmonar.*

As alterações metabólicas da célula cancerosa

Um tumor aparece quando uma célula passa a crescer e a se dividir de modo descontrolado. Se, além disso, ela for capaz de invadir outros tecidos surgirá um tumor maligno, ou seja, um *câncer*. As células cancerosas poderão em alguns casos invadir apenas os tecidos próximos, ou, pior, poderão ter a capacidade de se espalhar por locais distantes do corpo através dos sistemas linfático ou sanguíneo de circulação. Nesse último caso dizemos que houve *metástase* e novos focos do tumor inicial começarão a crescer em diferentes regiões do organismo.

Como e por que uma célula normal se transforma em cancerosa? Quais características dão, por exemplo, a capacidade de elas se dividirem várias vezes, muito além da capacidade das células normais? ou então quais características as tornam capazes de invadir os sistemas linfático e sanguíneo e disseminarem-se pelo organismo? Sabemos que *certos tipos de radiação, agentes químicos, vírus e bactérias podem causar câncer*. Todos eles são capazes de alterar o DNA, modificando a sequência de nucleotídeos e podendo provocar trocas ou deleções de aminoácidos de certas proteínas. Quando se retira ou se substitui um aminoácido numa proteína existe a chance de a proteína mutante trocar de estrutura e perder a atividade biológica, fenômeno ao qual já nos referimos repetidas vezes. Imagine se uma dessas mutações, provocadas por raios X, raios ultravioleta ou ainda por substâncias químicas, atinge um tipo de *proteína que inibe a divisão celular*. Existem várias proteínas desse tipo nas nossas células. Elas impedem que uma célula continue se dividindo e a fazem entrar, temporária ou permanentemente, num estado *quiescente ou num estado diferenciado*. Os fatores responsáveis por essas duas ações são conhecidos como *fatores de anticrescimento*. Podem ser pequenas proteínas produzidas por células adjacentes, podem ser moléculas maiores, envolvidas na fixação da célula no tecido, moléculas da matriz extracelular ou ainda moléculas envolvidas na adesão de uma célula a outra. Tais sinais ligam-se a proteínas integrais de membrana da célula-alvo, seus receptores, e fazem que elas adquiram a capacidade de adicionar grupamentos fosfato a proteínas intracelulares, mudando assim de propriedade. A consequência final, após mais alguns ciclos semelhantes de fosforilações e mudanças de estrutura e propriedades proteicas, é a inibição da transcrição de genes essenciais às altas taxas de síntese de RNA e proteínas indispensáveis à divisão celular. Outro grupo de proteínas age de modo mais radical, pois, em vez de apenas impedir que a célula continue se dividindo, leva-a a um *tipo especial de morte* (uma morte planejada) chamada de *apoptose*. Os agentes apoptóticos externos à célula também ligam-se a proteínas integrais da membrana da célula-alvo e alteram suas propriedades catalíticas, estimulando enzimas proteolíticas que levam à desestruturação de membranas e à degradação do material genético. Tais processos podem ser ainda elicitados por sinais de origem interna, como danos nas moléculas de DNA e *baixa concentração de oxigênio*, chamada de *hipóxia*. Se mutações inviabilizarem a propagação do sinal dos fatores de anticrescimento ou dos fatores apoptóticos, alterando, por exemplo, a estrutura dos receptores desses fatores ou de quaisquer mensageiros intermediários do processo, a célula terá perdido seu regulador interno de proliferação e se transformado numa espécie de precursor potencial de uma célula cancerosa.

Trabalhando na direção oposta aos fatores de anticrescimento e apoptóticos estão moléculas que estimulam a divisão celular ou impedem que a célula entre em apoptose. Tais moléculas, produzidas por células vizinhas ou trazidas de pontos distantes do organismo pelo sistema circulatório, atuam na célula-alvo ligando-se a proteínas integrais de membrana (receptores) e iniciando uma extensa cascata de modificações que culmina na expressão do conjunto de genes necessários à divisão. Genes mutantes das proteínas dessa via foram os primeiros identificados em associação ao surgimento de câncer e por isso foram chamados de *oncogenes* (e os genes *não mutantes de proto-oncogenes*). Um oncogene pode, por exemplo, levar à síntese de um receptor permanentemente ativo mesmo na ausência do fator de crescimento ou à síntese de grandes quantidades de receptor normal, o que torna a célula hipersensível e com o potencial de se dividir em concentrações extremamente baixas desses fatores. Se uma célula acumular mutações que interrompem as vias de inibição de divisão celular e ainda mutações que a tornam independente de fatores de crescimento externos, ela irá proliferar de modo autônomo e acelerado.

No entanto, ainda há um empecilho à divisão totalmente descontrolada. Em cada ciclo de duplicação, *as extremidades de nossos cromossomos, chamadas de telômeros*, perdem algumas dezenas de desoxirribonucleotídeos. Tais regiões não são transcritas e compõem-se de milhares de repetições de uma sequência fundamental de seis unidades. Enzimas chamadas de *telomerases* são as responsáveis por minimizar a degradação dos telômeros, o que fazem, no entanto, de maneira incompleta. A capacidade de duplicação de células normais fica assim limitada pela degradação progressiva dos telômeros. Nas células que dão origem a tumores encontram-se mutações nos mecanismos regulatórios de expressão dos genes das telomerases, que passam a ser produzidas em quantidades suficientes para um número ilimitado de duplicações. Quando isso acontece dizemos que a célula foi *imortalizada*. Tal mutação completa, juntamente com as mutações nas vias de apoptose, inibição e estimulação de divisão, o conjunto necessário ao surgimento de um tumor. Esse ponto é um marco na geração de um câncer, pois a partir de agora existe uma célula mutante com alta capacidade de multiplicação, dando oportunidade ao surgimento de novas mutações e fenótipos. Surgiu uma espécie de laboratório microscópico, que produz ativamente algo semelhante a novos seres unicelulares. Infelizmente alguns deles são a semente das formas mais agressivas de câncer e levarão à morte do organismo. Vamos analisar brevemente como o tumor evolui a partir de agora para um câncer.

Depois que o tumor atingiu determinado tamanho, algumas de suas regiões passam a ficar relativamente distantes de qualquer vaso sanguíneo (mais que 200 mm) e começam a encontrar dificuldades na obtenção de oxigênio. Essas regiões entram em uma condição chamada *hipóxia*, tendo que sobreviver com uma disponibilidade de oxigênio dez vezes menor que a normal. A falta de oxigênio prejudica imediatamente todas as transformações celulares que o têm como reagente. Uma delas é a hidroxilação da proteína *HIF-α*. Quando há oxigênio disponível, o HIF-α é hidroxilado e passa a interagir com outra proteína, chamada *VHL*. Tal interação é como uma sentença de morte para o HIF-α, pois leva-o a uma fábrica de reciclagem de proteínas, chamada de *proteassoma*, onde é degradado. Oxigênio disponível resulta assim em baixas concentrações de HIF-α. Ao contrário, em situação de hipóxia, falta oxigênio e a concentração de HIF-α aumenta. Isso acontece, portanto, naquelas células tumorais distantes dos vasos sanguíneos. O HIF-α é um fator de transcrição capaz de estimular a expressão de diversos genes, entre eles o do transportador de glicose GLUT1 (que faz a célula captar mais eficientemente a glicose), mais de dez genes de enzimas envolvidas na transformação de glicose em lactato (a mais importante via anaeróbica de produção de ATP, a via glicolítica, da qual falamos no capítulo sobre exercício), vários genes de fatores de crescimento que estimulam a divisão celular, um gene de uma proteína que causa o desenvolvimento de vasos sanguíneos (VEGF) e um gene de uma proteína integral de membrana chamada CXCR4 que dá à célula tumoral mais chances de associar-se a órgãos cujas células produzam ligantes para tais receptores (Figura 7). A situação de hipóxia, por meio do fator de transcrição HIF-α, acaba completando desse modo a tarefa das mutações iniciais: dotou *as células tumorais de uma maior eficiência na utilização de glicose em ambientes de baixa disponibilidade de oxigênio e de glicose, fez que o tumor atraísse mais vasos sanguíneos e, o mais grave, tornou células tumorais que porventura alcancem os novos vasos sanguíneos recrutados capazes de se fixarem em tecidos distantes*. Nesse ponto, é grande a probabilidade de haver metástase e o prognóstico é sombrio.

FIGURA 7. *O FATOR INDUZIDO POR HIPÓXIA (HIF-α) É UMA PROTEÍNA CAPAZ DE ESTIMULAR A TRANSCRIÇÃO DE VÁRIOS GENES E ELEVAR A CONCENTRAÇÃO DE PROTEÍNAS QUE AUMENTAM A CAPACIDADE DE SOBREVIVÊNCIA E INVASÃO DAS CÉLULAS CANCEROSAS. QUANDO O OXIGÊNIO ESTÁ EM BAIXAS CONCENTRAÇÕES (HIPÓXIA), O HIF-α NÃO É HIDROXILADO E ESCAPA DA MAQUINARIA DE DEGRADAÇÃO PROTEICA INTRACELULAR – NESSE CASO REPRESENTADA PELA PROTEÍNA VON HIPPEL-LINDAU (VHL) E PELO COMPLEXO MULTIENZIMÁTICO PROTEASSOMA.*

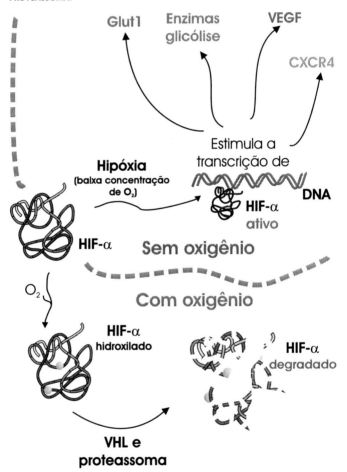

Doença da vaca louca, príons e outras doenças neurodegenerativas

A partir de 1865, Louis Pasteur, o pai da microbiologia, nos fez ficar atentos a um mundo de seres minúsculos e perigosos, bactérias, vírus ou fungos, que invadem nosso corpo, superam as defesas do nosso sistema imune e reproduzem-se, duplicando e expressando a informação contida nas suas moléculas de ácidos nucleicos. Induzem assim o mau funcionamento de nossas células, órgãos e sistemas. Quando em 1953 Watson e Crick estabeleceram o Dogma Central da Biologia Molecular, apontando para os ácidos nucleicos como os carreadores da informação genética, os agentes infecciosos, apesar de microscópicos, submeteram-se à lei básica de fluxo de informação dos seres vivos: também eles tinham os genes compostos por DNA ou, para alguns vírus, RNA. No entanto, a partir do final da década de 1970 a história dos agentes infecciosos tomaria um rumo inesperado. *Stanley Prusiner*, pesquisador da Universidade da Califórnia, estudava uma doença de ovelhas e cabras, chamada *"scrapie"*, que provocava sintomas típicos de degeneração do sistema nervoso. Os animais atingidos perdiam progressivamente a coordenação motora, emagreciam, coçavam-se insistentemente até arrancarem o pelo, tornavam-se hipersensíveis a ruídos e incapazes de permanecer em pé, e morriam em 100% dos casos. Quando se analisava o cérebro dos animais atingidos pelo "scrapie", percebia-se um enorme grau de destruição neuronal, com extensa formação de vacúolos no citoplasma dos neurônios restantes. O cérebro se tornava esburacado, semelhante a uma esponja. Em laboratório era possível reproduzir a doença injetando no cérebro de animais saudáveis um extrato do cérebro de animais doentes. Mas qual seria o agente infeccioso? Stanley Prusiner percebeu que *o extrato perdia a capacidade de infecção se tratado exaustivamente com enzimas proteolíticas, que degradam proteínas, mas mantinha a infectividade se tratado com enzimas que degradavam ácidos nucleicos*. Ele postulou que o agente infeccioso deveria ser de caráter exclusivamente proteico, ou seja, proteína pura, sem qualquer tipo de ácido nucleico, e deu-lhe o nome de *"príon"*. O modo de multiplicação do príon, no entanto, deveria ser inédito, pois ácidos nucleicos eram as únicas moléculas conhecidas capazes de guiarem a síntese de proteína e se autoduplicarem. Imaginar um mecanismo por meio do qual a sequência de aminoácidos do príon definiria a síntese de novas moléculas de príon era um enorme desafio que, felizmente, mostrou-se desnecessário. Em 1985 foi detectada *a presença de uma região no cromossoma, tanto de animais saudáveis quanto animais infectados, com sequência capaz de codificar os príons* (um gene, portanto). Tanto em animais saudáveis quanto em doentes o gene era transcrito e o mRNA traduzido, pois detectava-se uma proteína de sequência idêntica ao príon também nos cérebros dos animais saudáveis. As únicas, e fundamentais, diferenças eram que o príon extraído do cérebro de animais saudáveis não tinha capacidade de infecção e era sensível a proteases. Daí passou a ser chamada de *PrPC*, que quer dizer forma celular da proteína príon. Ao príon com poder infectivo reservou-se o nome de *PrPSc*, ou forma da proteína príon causadora do "scrapie". Logo depois identificaram-se diferenças marcantes entre as formas tridimensionais da PrPC e da PrPSc , o que também era curioso, pois as duas tinham os mesmos aminoácidos, na mesma sequência. Por mais surpreendentes que fossem, com tais observações começou a surgir um mecanismo para o processo de infecção. David Kocisko, pesquisador do Instituto de Tecnologia de Massachusetts, observou *in vitro* que a PrPC poderia mudar de forma e se transformar em PrPSc desde que fosse adicionada certa quantidade de PrPSc. A PrPC seria, talvez, uma *forma metaestável*, incapaz de superar sozinha a alta barreira cinética (um estado de transição de alta energia) que a separava da estrutura mais estável da PrPSc. O mais curioso é que formas PrPSc interagiriam com as PrPC e as auxiliariam na transformação a PrPSc. O agente infeccioso do "scrapie", PrPSc, que inicialmente atingisse o cérebro do organismo recém-infectado, iniciaria desse modo *um processo de subversão, de corrupção das formas inofensivas* já há muito presentes no organismo, as PrPC, fazendo-as converterem-se em estruturas patogênicas tão infecciosas quanto o agente inicial e com a mesma capacidade de subversão das formas celulares inofensivas (figuras 8 e 9). A propagação dos príons não envolveria, portanto, síntese de novas proteínas, mas a modificação na estrutura de proteínas preexistentes. Desse modo harmonizaram-se a proposta de um agente infeccioso sem ácido nucleico, e o sentido obrigatório do fluxo de informação de Watson e Crick. No entanto, o mecanismo da doença levou à hipótese inovadora da existência de duas estruturas proteicas alternativas, com propriedades completamente distintas, para a mesma sequência de aminoácidos: uma, a PrPSc, mais estável energeticamente mas com estrutura difícil de ser atingida por estar isolada por uma barreira cinética, um estado de transição ou complexo ativado, e uma estrutura intermediária obrigatória quase intransponível que Prusiner chamou de PrP*. Como um pedágio de uma só cabine em uma estrada com intenso fluxo de veículos, a barreira cinética forçaria a grande maioria das cadeias proteicas a permanecer com uma estrutura de mais alta energia, a PrPC, que deveria ser assumida apenas momentaneamente, de passagem, mas que, pela existência da barreira, tornou-se quase que permanente.

FIGURA 8. *O AGENTE INFECCIOSO PRÍON (PRP^{SC}) É UMA ESTRUTURA ALTERNATIVA DE UMA PROTEÍNA QUE OS NEURÔNIOS DE TODOS NÓS SINTETIZAM. TAL ESTRUTURA ALTERNATIVA É MAIS ESTÁVEL (MENOR ENERGIA) QUE A ESTRUTURA NORMAL (PRP^C), MAS NÃO É ATINGIDA, POIS ESTÁ "BLOQUEADA" POR UMA ESTRUTURA DE ALTA ENERGIA (PRP*) OBRIGATÓRIA PARA A TRANSIÇÃO.*

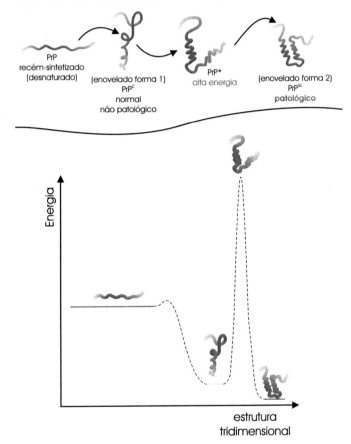

FIGURA 9. *O AGENTE INFECCIOSO PRÍON (PRP^{SC}) "CORROMPE" AS FORMAS CELULARES NORMAIS (PRP^C).* OS PRP^{SC} TÊM A CAPACIDADE DE INTERAGIR COM AS FORMAS PRP^C E INDUZIREM A CONVERSÃO DESSAS FORMAS EM NOVAS PRP^{SC} QUE, POR SUA VEZ, AUXILIARÃO A CONVERSÃO DE OUTRAS PRP^C. AS PRP^{SC} AGEM COMO ENZIMAS DO PROCESSO DE CONVERSÃO. DESSE MODO, HÁ UMA APARENTE "MULTIPLICAÇÃO" DE AGENTES INFECCIOSOS.

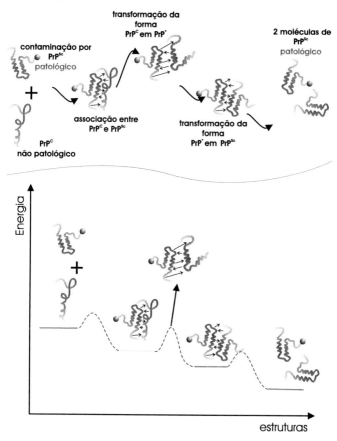

O estudo sobre os mecanismos envolvidos no "scrapie" lançou luz sobre várias doenças neurodegenerativas humanas e ganhou força e interesse com a propagação, na década de 1980, da versão bovina do "scrapie", chamada de *doença da vaca louca* ou BSE, e com a possibilidade de transmissão para humanos. Hoje podemos indicar pelo menos quatro doenças neurodegenerativas humanas semelhantes ao "scrapie": o *kuru*, de povos da Nova Guiné, que por tradição alimentavam-se do cérebro dos familiares mortos; a *doença de Creutzfeldt-Jacob* (CJD); e as *síndromes de Gerstmann-Sträussler-Scheinker* (GSS) e da *insônia familiar fatal* (FFI). Em conjunto tais doenças são chamadas de encefalopatias espongiformes. Excetuando o Kuru, tais moléstias apresentam um caráter tipicamente genético, em que membros de uma família já atingida têm maior chance de manifestar a doença, o que é chamado de modo de *transmissão vertical* da doença. Tal característica afasta a CJD, a GSS e a FFI do mecanismo do "scrapie" de propagação por infecção, chamado de modo de *transmissão horizontal*. No entanto, as mutações associadas a elas localizam-se no gene correspondente à PrP, o que indica o envolvimento desse gene e traz de volta a possibilidade da existência de um mecanismo semelhante ao do "scrapie". Nessa mesma linha foram descritos casos de procedimentos cirúrgicos como transplantes de córnea realizados com instrumental deficientemente esterilizado e a administração de hormônio de crescimento extraído de doadores humanos vítimas de encefalopatias, responsáveis pela manifestação de CJD em muitos indivíduos sem casos familiares anteriores. Esse caráter transmissível confirma a proximidade da CJD (e GSS e FFI) do "scrapie". Hoje acredita-se que os dois modos de transmissão, vertical e horizontal, são responsáveis pelos casos das encefalopatias humanas. Para o Kuru, o principal modo seria o horizontal por causa da antropofagia; para

CJD, GSS e FFI, o principal modo de transmissão seria o vertical. Nesses casos acredita-se que *as mutações no gene da PrP teriam a capacidade de tornar menor a barreira cinética para a conversão entre PrPC e PrPSc, dispensando a ação de PrPSc preexistentes, ou seja, dispensando a ação inicial de um agente infeccioso* (Figura 10).

FIGURA 10. ALGUMAS MUTAÇÕES NO GENE DA PRP FACILITAM A CONVERSÃO DA FORMA PRP^C EM PRP^{SC} MESMO SEM A PARTICIPAÇÃO DE UMA FORMA PRP^{SC} DE ORIGEM INFECCIOSA. VÁRIAS DOENÇAS NEURODEGENERATIVAS QUE ACOMPANHAM ALGUMAS FAMÍLIAS POR GERAÇÕES TÊM ESSA CAUSA GENÉTICA.

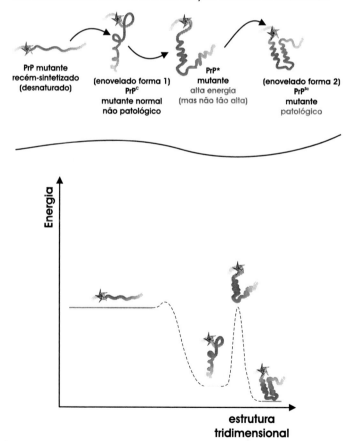

Grande parte do interesse público sobre as doenças provocadas por prions, como dito anteriormente, deve-se à epidemia da doença da vaca louca, ou BSE, da década de 1980. Muito se especulou sobre a possibilidade de as formas infecciosas patológicas presentes, ainda que em pequena concentração, na carne dos animais doentes serem nocivas aos seres humanos. Para tal ocorrer, a forma PrPSc tem que primeiro ser capaz de escapar da degradação no estômago e intestino e penetrar pelo epitélio do sistema digestivo. Certamente o fato de a forma PrPSc ser bem resistente à proteólise facilita a primeira parte dessa tarefa. Penetrar no epitélio digestivo já é uma tarefa mais elaborada, mas há a possibilidade de algumas moléculas da PrPSc encontrarem *células do sistema imune que margeiam o epitélio através das células M*, um tipo especial de célula epitelial que dá comunicação a núcleos de tecido linfoide conhecidos como *placas de Peyer*. Nesses dois tipos de célula ocorreria a primeira conversão dos PrPC em formas PrPSc. Desse ponto em diante, acumulando-se em células linfáticas migratórias, as moléculas de PrPSc atingiriam o sistema nervoso central. Esse talvez tenha sido o caminho que as partículas infecciosas de PrPSc da doença da vaca louca (BSE) tenham usado para provocar em humanos uma doença semelhante à CJD, chamada de vCJD. O principal argumento de que a vCJD é resultado da ingestão de carne de animais com BSE é que os PrPSc dos pacientes acometidos pela doença reproduzem em animais de laboratório patologias extremamente semelhantes às provocadas por PrPSc extraídos de bovinos acometidos por BSE, e claramente distintas das provocadas por PrPSc que provocam as formas típicas de CJD. Tal observação tornou factível a hipótese de contaminação humana pela ingestão de carne de bovinos doentes.

Anemia falciforme e malária: quando uma doença é benéfica

A *hemoglobina humana* é uma proteína globular de aproximadamente seiscentos aminoácidos que abarrota nossas *hemácias*. Ela é composta por quatro cadeias de dois tipos chamados de α e β. Dizemos, por isso, que a hemoglobina é um tetrâmero. As cadeias α e β apresentam uma parte não proteica firmemente ligada chamada de *grupo heme*, que contém um átomo de *ferro*. Quando passa pelos vasos próximos aos alvéolos pulmonares, onde a concentração de oxigênio livre é alta, a hemoglobina liga-se através do átomo de ferro ao oxigênio, transformando-se em oxihemoglobina, e levando-o para regiões periféricas, onde a concentração de oxigênio livre é baixa. Volta então à forma de desoxihemoglobina e, repetindo-se tais ciclos, mantém o fornecimento de oxigênio necessário à atividade aeróbica do nosso corpo. Deficiências alimentares de ferro ou vitamina A e mutações que alterem as propriedades da hemoglobina provocam *anemia*, ou seja, *diminuição da capacidade de transporte de oxigênio pelo sangue*. Uma dessas mutações é especialmente interessante. O sexto aminoácido da cadeia β da hemoglobina é, no gene humano normal, ácido glutâmico. Quando a cadeia β envolela-se e une-se às outras cadeias, esse ácido glutâmico posiciona-se na superfície da estrutura, possibilitando que seu grupo carboxílico altamente hidrofílico interaja livremente com a água. Em 1954, Vernom Ingram, continuando um trabalho iniciado cinco anos antes por Linus Pauling, analisava as propriedades das moléculas de hemoglobina extraídas de indivíduos que apresentavam uma forma grave de anemia provocada por intensa lise das hemácias. Característico era também o fato de as hemácias dos indivíduos afetados assumirem, quando expostas a um ambiente de *baixa concentração de oxigênio*, uma forma de *foice*, completamente diferente da forma abaulada e suave das hemácias normais, o que deu para essa moléstia o nome de *anemia falciforme*. Vernon Ingram descobriu que na posição 6 da cadeia β das hemoglobinas dos indivíduos afetados (chamada de hemoglobina S) existia o aminoácido valina em vez do ácido glutâmico. A valina é um aminoácido tipicamente hidrofóbico, encontrado predominantemente no interior das proteínas globulares, onde, distante das moléculas de água, encontra um ambiente de interações favoráveis. Na hemoglobina S a valina via-se exposta ao ambiente aquoso. Esse posicionamento conferia certo grau de instabilidade à molécula de hemoglobina S. O problema de fato surgia quando, nas regiões periféricas do nosso corpo, após liberar o oxigênio, a hemoglobina S modificava levemente sua estrutura. O processo de alternância de estrutura entre as formas oxi e desoxihemoglobina provocado pela ligação ou pelo desligamento do oxigênio é em si normal e, inclusive, essencial para o bom funcionamento da molécula de hemoglobina. Há mesmo outras propriedades da hemoglobina que a tornam um transportador mais eficiente de oxigênio. Por exemplo, quando submetida a um pH levemente abaixo do normal, com um aumento na concentração de H+ (situação típica dos tecidos periféricos), a oxihemoglobina liga-se a um H+ e diminui de afinidade pelo oxigênio, liberando-o e convertendo-se em desoxihemoglobina. Mas nas formas mutantes de hemoglobina S, com a valina ocupando a posição 6 da cadeia β, surgia, justamente nessa forma de desoxihemoglobina, uma possibilidade para a interação da valina que a livrava do ambiente aquoso. Infelizmente tal interação se dava com *regiões pertencentes a outras moléculas de desoxihemoglobina, o que nos tecidos periféricos, após a liberação de oxigênio, resultava na formação de fibras compostas por milhares de desoxihemoglobinas cujas extremidades continuavam a se expandir e empurravam, de dentro para fora, a membrana plasmática* (figuras 11 e 12). O processo agravava-se quando as hemácias em forma de foice entupiam os vasos de menor calibre, prolongando a baixa concentração do oxigênio livre daquela região e um aumento da concentração de desoxihemoglobina S, que resultava na intensificação da formação de fibras. Mesmo que não haja essa situação de entupimento de vasos, as hemácias distorcidas em forma de foice são continuamente retiradas pelo baço, nosso filtro sanguíneo de detritos, e destruídas. Isso faz que a vida média dessas hemácias caía do valor normal de *120 dias* para apenas *10 dias*. É impossível para a medula óssea repor tão acelerada perda e o quadro anêmico se instala.

FIGURA 11. A HEMOGLOBINA É NORMALMENTE UMA PROTEÍNA SOLÚVEL COMPOSTA POR QUATRO SUBUNIDADES, QUE NÃO FORMA FIBRAS. ELA ESTÁ EM ALTAS CONCENTRAÇÕES NAS NOSSAS HEMÁCIAS. QUANDO LIGADA AO OXIGÊNIO É CHAMADA DE OXIHEMOGLOBINA, E SEM OXIGÊNIO É CHAMADA DE DESOXIHEMOGLOBINA. A LIGAÇÃO DO OXIGÊNIO ALTERA LEVEMENTE A ESTRUTURA TRIDIMENSIONAL DA HEMOGLOBINA, CONFERINDO-LHE UMA COLORAÇÃO VERMELHO-VIVO. NA POSIÇÃO 6 DA CADEIA β, ENCONTRA-SE O AMINOÁCIDO GLUTAMATO.

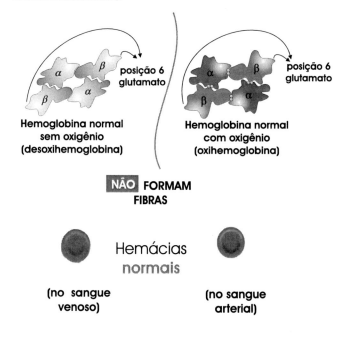

FIGURA 12. *A HEMOGLOBINA S APRESENTA UMA SUBSTITUIÇÃO NA POSIÇÃO 6 DA CADEIA β, SENDO O GLUTAMATO NORMAL SUBSTITUÍDO POR UMA VALINA. ESSA MUTAÇÃO FAZ QUE A DESOXIHEMOGLOBINA S TENHA A PROPRIEDADE DE SE ASSOCIAR FORMANDO FIBRAS QUE DEFORMAM AS HEMÁCIAS. COMO CONSEQUÊNCIA, OCORRE LISE, ANEMIA E ENTUPIMENTO DOS VASOS DE MENOR CALIBRE.*

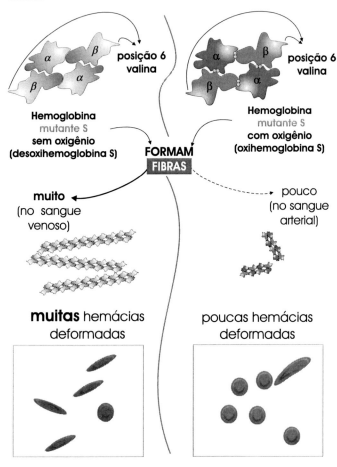

Mas o que acontece se apenas um dos alelos do gene da cadeia β da hemoglobina for mutante? Nas hemácias desses indivíduos haverá uma mistura de hemoglobinas S e hemoglobinas saudáveis, resultando, em condições normais, numa frequência desprezível e assintomática de formação das fibras. Tais indivíduos retêm o traço genético da anemia falciforme, mas não a manifestam. Se, no entanto, tiverem filhos com um companheiro que também tenha o mesmo traço genético, há 25% de chances de o bebê ser homozigoto para a hemoglobina S e apresentar a moléstia. O teste do pezinho, realizado em todo bebê assim que nasce, serve para identificar precocemente a anemia falciforme, dentre várias outras hemoglobinopatias. A incidência da doença e do traço genético é maior nos afrodescendentes, mas como no Brasil há grande miscigenação, tal delimitação aqui não é bem caracterizada. Contudo, a incidência do traço genético chega a próximo de 20% da população em algumas regiões da África Subsaariana, dez vezes maior que, por exemplo, no norte da África. Essa observação nos coloca uma pergunta básica: *por que o alelo para a hemoglobina S é mantido em tão alta frequência?* Qual deve ser a vantagem evolutiva que têm indivíduos com uma mistura de hemoglobinas S e normais para que o traço da anemia falciforme seja selecionado e mantido naquela população? A observação fundamental para a resposta é que as regiões geográficas onde o alelo da *hemoglobina S é mantido em alta frequência* se sobrepõem às regiões geográficas de *alta incidência de malária*. Se, de algum modo, o traço da anemia falciforme conferir certo grau de resistência à malária e, consequentemente, maior expectativa de vida para os acometidos dessa moléstia, o enigma estaria desfeito. *A malária é transmitida ao homem pela picada de mosquitos do gênero* Anopheles *infectado por qualquer um dos protozoários* Plasmodium vivax, Plasmodium ovale, Plasmodium malariae *ou, o mais letal,*

Plasmodium falciparum. Dentro da corrente sanguínea, os parasitas invadem os hepatócitos, multiplicam-se e voltam ao sangue para uma estada passageira, mas obrigatória, que se estende de dois a três dias, nas nossas hemácias. Se os parasitas estiverem infectando um indivíduo com o traço da anemia falciforme, há a possibilidade de interação entre os dois "agentes patológicos", um real (o parasita) e outro potencial (a hemoglobina S). No interior da hemácia a *Plasmodium* (na forma de merozoítos) diferencia-se nas formas sexuadas capazes de completar o ciclo de vida ao voltarem para o *Anopheles*, ou multiplica-se assexuadamente e induz a lise da hemácia, liberando-se para invadirem novas hemácias. Durante tal invasão e multiplicação, as *hemácias* servem, sob todos os aspectos, de *provedor do parasita*. Delas os parasitas obtêm os nutrientes, incluindo a própria hemoglobina, da qual aproveita os aminoácidos, e para elas liberam os subprodutos do seu metabolismo. Uma das consequências disso é que o citosol das hemácias torna-se ácido, ou seja, com concentrações de H+ acima dos níveis normais. Lembre-se que a hemoglobina liga-se a H+ quando exposta a um de pH ácido e, por causa disso, diminui de afinidade pelo oxigênio, desligando-se deste último e permanecendo na forma de desoxihemoglobina. *A invasão da hemácia pelos parasitas causa assim um aumento na quantidade de moléculas de hemoglobina que permanecem na forma de desoxihemoglobina.* Tal elevação é suficiente para que nos indivíduos com o traço para anemia falciforme, que produziam uma mistura inofensiva de hemoglobina S e hemoglobina normal, a quantidade de desoxihemoglobina S suba a ponto de permitir a formação de fibras. A partir de então as hemácias assumirão a típica forma de foice e ao passarem pelo baço serão destruídas; junto com elas, os parasitas, pegos "no pulo" por assim dizer, em pleno estágio de multiplicação e diferenciação. Mesmo que nem todos sejam eliminados, a diminuição do número de parasitas dá mais possibilidades de uma ação eficiente do sistema imune.

Em resumo, *as hemácias de indivíduos com o traço de anemia falciforme são armadilhas para o* Plasmodium. Diversas mutações que de um modo ou de outro limitam a vida média da hemácia têm potencial de fornecer certo grau de resistência à malária. Entre elas encontram-se outras que também atingem os genes da hemoglobina e várias que afetam o gene da enzima glicose-6-fosfato desidrogenase (G6PD). Essa enzima catalisa a etapa inicial da via das pentoses fosfato, que é um desvio a partir do começo da glicólise, e leva à produção de nicotinamida adenina dinucleotídeo fosfato reduzida, ou simplesmente NADPH, além dos açúcares de cinco carbonos – pentoses – que dão nome à via e são essenciais à síntese de nucleotídeos. O NADPH protege a hemácia dos ataques de espécies derivadas do oxigênio, como o peróxido de hidrogênio (água oxigenada), que têm capacidade de oxidação dos lipídeos de membranas, tornando-as pouco maleáveis. *Uma deficiência na produção de G6PD, ou a produção de formas mutantes menos ativas, se traduz como uma fragilização e diminuição da vida média das hemácias.* Repete-se nesse caso a diminuição da "hospitalidade" das hemácias para os eventuais parasitas.

A história da modelagem genética do ser humano imposta pelo *Plasmodium* está aparentemente longe do fim; tão longe quanto está de um ponto satisfatório o desenvolvimento de técnicas eficientes de combate ao *Anopheles,* tratamento dos pacientes ou desenvolvimento de vacinas. Pelo menos duas frentes podem estar mudando intensamente – a propagação da mutação GluLys (troca de ácido glutâmico por lisina) na posição 6 da cadeia β da hemoglobina, que passa a se chamar hemoglobina C, que confere, por mecanismos ainda não desvendados, 29% e 93% de proteção à malária aos indivíduos heterozigotos e homozigotos, respectivamente, sem causar nenhuma patologia conhecida. Se assim for, é possível que o alelo da hemoglobina C substitua o alelo da hemoglobina S nas áreas afetadas pela malária. Outra influência, vinda de direção diferente, é a introdução da mandioca na dieta das populações atingidas pela malária. A mandioca apresenta altos teores de cianeto, cianato e tiocianato. Tais compostos podem introduzir unidades de carbonos, numa reação chamada de carbamoilação, nas proteínas, incluindo-se aí as hemoglobinas. As formas carbamoiladas da desoxihemoglobina S têm menor capacidade de formar fibras, o que diminui a gravidade da anemia falciforme em indivíduos com dois alelos para hemoglobina S, mas diminui também a resistência à malária dos indivíduos com traço para a anemia falciforme. Por outro lado, a carbamoilação da G6PD diminui a atividade dessa enzima, conferindo um certo grau de resistência à malaria. Esse é um exemplo de um hábito alimentar influindo na relação entre doenças, genes, parasitas e parasitados.

Da terapia gênica à eugenia e à clonagem

De todas as patologias discutidas anteriormente fica evidente a importância da genética na susceptibilidade individual a uma doença, mesmo de origem infecciosa. É fácil imaginar um futuro em que descobriremos rapidamente quais alelos estão presentes num indivíduo e poderemos prever a probabilidade de surgimento de alguma doença. Se usarmos tal informação na prevenção ou no tratamento, ótimo. Por outro lado, com que sigilo trataremos a informação genética de cada indivíduo? Quando, com uma gota de sangue, pudermos descobrir quais alelos compõem a carga genética de um indivíduo e assim sua susceptibilidade a várias doenças, incluiremos essa "impressão digital molecular" no grupo das privacidades às quais todos nós temos direito?

Se não, no futuro, quem for se submeter a uma entrevista para algum emprego deverá fornecer sua "impressão digital molecular". Aqueles mais susceptíveis a doenças serão dispensados e os menos susceptíveis, contratados. A longo prazo tal procedimento concretizaria a infame eugenia que teve como ponto culminante a abjeta Alemanha nazista. Mas o quanto de eugenia há quando uma empresa submete candidatos a testes de personalidade? Na verdade é inimaginável que uma empresa, por medo de ser processada por práticas eugênicas, contrate empregados sem testes prévios de personalidade. Pelo menos não gostaríamos que as nossas empresas contratassem às cegas! Temos que pensar seriamente nesse aspecto do conhecimento humano. Num futuro ainda mais distante, será realmente alucinação pensar em clonagem de "funcionários-padrão"?

■

4 Bioquímica dos distúrbios alimentares e da obesidade

Anorexia, obesidade mórbida e as sensações de fome e saciedade

Sílvia tem 18 anos. Paulo tem 9. Ela acabou de entrar na faculdade. Ele frequenta o primeiro ano do ensino fundamental. Provavelmente os dois terão que interromper os estudos por problemas de peso: Sílvia está pesando 32 quilos e Paulo tem 85 quilos. Sílvia sofre de anorexia e Paulo, de obesidade mórbida. Sílvia tem repulsa pelo alimento e sente náusea se forçada a comer, enquanto Paulo tem compulsão pelo alimento e ingere enormes quantidades em cada refeição. O tecido adiposo responde por menos de 5% do peso de Sílvia, enquanto o corpo de Paulo é 57% gordura. Eles representam extremos opostos do mau funcionamento do nosso sistema de homeostase do peso corporal.

Por que Sílvia emagreceu? A resposta é direta: porque passou a comer menos do que o necessário para repor o que seu corpo gastava. Paulo engordou pelo motivo oposto – comia muito mais do que consumia. Independentemente se o indivíduo é saudável ou doente, o peso corporal é sempre determinado por essa contabilidade simples, chamada de *balanço energético*, de o *quanto absorvemos* dos alimentos ingeridos, menos *o quanto usamos* como combustível para nossas necessidades. Todo jovem de 16 anos come muito, mas não devemos assumir que todo jovem de 16 anos seja obeso. Da grande quantidade de alimento que ele ingere, muito é usado para aumentar sua massa muscular, ossos e órgãos. Dizemos por isso que seu *metabolismo basal* é alto. Muito também é usado para patrocinar a intensa atividade física característica dessa idade. Um jovem de 16 anos tem um gasto de energia alto e muito pouco sobra para a síntese de triacilgliceróis. Se por algum motivo ele, durante períodos relativamente longos, passar a comer mais do que seu corpo gasta para crescer, manter-se ou movimentar-se, a síntese de triacilgliceróis começará a ocorrer em níveis significativos e esse jovem poderá se tornar obeso caso o percentual de gordura corporal atinja aproximadamente 30%. Assim, nos tornamos *obesos* não apenas porque comemos muito, mas *porque comemos mais do que gastamos*. Obesidade relaciona--se com percentual de gordura corporal e não com peso absoluto. Tanto faz se o excesso de alimentação é composto por carboidratos, lipídeos ou proteínas, nosso corpo sempre transformará tal excesso em gordura. O hepatócito tem a capacidade, principalmente quando estimulado por insulina, de converter os ácidos graxos que vêm de uma dieta abundante e rica em gordura em TAG e enviá-los aos adipócitos, da mesma forma que faria com a glicose de uma dieta rica em carboidrato ou o esqueleto carbônico dos aminoácidos de uma dieta rica em proteínas. Portanto, qualquer quantia excedente de alimentos, independentemente do seu tipo, converge pela ação do hepatócito para um aumento da gordura armazenada nos adipócitos. Em situações mais graves de obesidade, há inclusive armazenamento significativo de trialcilgliceróis no fígado e nos músculos.

Mas o que há de errado com o metabolismo de Paulo e Sílvia? Eles são exemplos dramáticos de panes no sistema que regulam as sensações de fome e saciedade. Sílvia sente--se saciada sempre, e por isso não come, e Paulo, faminto sempre, por isso não para de comer. No centro da regulação dessas sensações está uma região do cérebro chamada *hipotálamo* que, há muito se sabe, é decisiva em vários dos nossos padrões comportamentais. Na década de 1950 foi realizada uma série de experimentos em ratos, nos quais microlesões eram provocadas em determinadas regiões do hipotálamo. Na região chamada núcleo lateral, as microlesões provocam interrupção de alimentação, ou afagia, e perda de peso. Se a lesão fosse feita em outra região, no núcleo ventromedial, o resultado era excesso de alimentação, ou hiperfagia, e obesidade. Concluiu-se que o núcleo lateral seria o responsável pela sensação de fome, já que quando lesionado perde a função e o rato deixa de comer. O núcleo ventromedial seria responsável pela sensação de saciedade, pois quando lesionado perde a função, o rato nunca sente-se saciado e come ininterruptamente. Dessas observações poderíamos desconfiar que Paulo talvez tivesse uma disfunção com perda de atividade na região ventromedial do hipotálamo e Sílvia disfunções na região lateral. Essa seria, no entanto, apenas uma possibilidade. O primeiro ponto que podemos questionar é que o hipotálamo, como qualquer região do nosso cérebro, estabelece conexões com outras regiões que podem modular sua atividade. A glândula pituitária, também chamada de hipófise, a amígdala (que nada tem a ver com aquela amígdala das infecções de garganta), o tronco cerebral, o sistema límbico e o córtex cerebral são exemplos de tais regiões. Muito embora o hipotálamo seja realmente a principal região cerebral determinante das sensações de fome e saciedade, ele é visto atualmente como centro integrador de informações geradas em outros núcleos. Isso, obviamente, não diminui sua importância, mas expande o espectro de regiões a serem analisadas. A delimitação de determinados padrões comportamentais em poucas e restritas regiões do cérebro revela, antes de tudo, o estágio inicial da pesquisa naquele assunto.

Há sinais de curto prazo para o controle do balanço energético

Sabemos que durante uma refeição, quando o alimento atinge o intestino delgado, as células do *duodeno* produzem uma proteína chamada *colecistoquinina*, ou CCK, que faz que as inervações do trato digestivo em conexão com o cérebro induzam a sensação de saciedade. Existem receptores (de novo eles...) nas inervações entre o trato digestivo e o sistema nervoso central capazes de se associar à CCK recém-produzida e alterar o estado fisiológico daqueles neurônios periféricos. Tal alteração traduz-se num impulso nervoso propagado ao sistema nervoso central, aumentando a atividade do núcleo hipotalâmico ventromedial e diminuindo a atividade do núcleo lateral. Surge então um novo padrão de atividade neuronal que descrevemos como sensação de saciedade. A CCK é por isso chamada de *sinal anorexigênico*, ou seja, que *diminui a sensação de fome*. Paulo poderia ter um problema nesse sistema de sinalização, uma mutação no gene da CCK, por exemplo (mais à frente você verá que não é esse o caso). A CCK faz parte do que chamamos de *controle de curto prazo* do balanço energético do nosso corpo, que varia de concentração com as refeições e determina o início, a duração e a quantidade de alimentos de cada refeição. A *grelina* é outra proteína desse conjunto, mas age no sentido oposto, *induz a sensação de fome* (portanto é um sinal *orexigênico*). Algumas horas antes das refeições o estômago aumenta a secreção de grelina – e vai diminuindo durante a refeição. Sílvia poderia, por exemplo, ter uma mutação no gene da grelina, o que a faria perder um sinal que estimula o apetite (mais adiante você verá que, também, não é esse o caso). É importante ressaltar que, apesar de serem produzidos pelo sistema digestivo, tanto a CCK como a grelina têm a capacidade de estimular a atividade de neurônios hipotalâmicos. Lá também têm receptores. No hipotálamo outros transmissores assumem a tarefa de propagar os sinais de fome e saciedade. O *neuropeptídeo Y* (NPY – *orexigênico*), o hormônio tipo α estimulador dos melanócitos, também chamado de *melanotropina* (α -MSH - *anorexigênico*), o peptídeo estimulado por cocaína e anfetamina (*CART – anorexigênico*), o peptídeo associado ao fenótipo Agouti (*AgRP – orexigênico*) são exemplos de peptídeos com capacidade de alterar a atividade de neurônios hipotalâmicos e induzir fome ou saciedade. Esses três, no entanto, não atuam como sinais periféricos como a CCK ou a grelina, mas são produzidos pelos neurônios do hipotálamo e lá exercem sua ação. Pelo menos um dos mecanismos por meio dos quais a grelina induz a sensação de fome é pela capacidade que tem de aumentar a produção de NPY em neurônios hipotalâmicos.

Leptina: o sinal de longo prazo para o controle do balanço energético

Em 1969, Douglas L. Coleman, na época pesquisador dos Laboratórios Jackson em Maine, Estados Unidos, estudava duas estirpes de camundongos chamadas de *ob/ob* e *db/db*, extremamente obesos, cujo padrão de herança indicava como responsável uma mutação recessiva. A estirpe ob/ob é deficiente em ambos os alelos do gene ob, e a estirpe db/db é deficiente em ambos os alelos do gene db. Tais camundongos nasciam com peso normal, mas logo passavam a comer muito (tornavam-se *hiperfágicos*, portanto), tinham a temperatura corporal menor que a normal, ou seja, eram hipotérmicos, e diabéticos, com alta concentração sanguínea de glicose. Douglas Coleman realizou experimentos unindo cirurgicamente dois camundongos de modo a forçá-los a *compartilhar fatores sanguíneos livres na circulação* de cada um. Quando um camundongo ob/ob era unido a um camundongo tipo selvagem, de peso normal, o mutante ob/ob diminuía a quantidade de alimento ingerido e emagrecia. Se o par a compartilhar o sangue era formado por um camundongo db/db e um camundongo tipo selvagem, quem perdia peso era o parceiro tipo selvagem. Unindo um camundongo ob/ob e um db/db, o mutante ob/ob perdia peso e o db/db permanecia com fenótipo inalterado. Como explicar tais dados? Por que o sangue de um camundongo normal tipo selvagem induz o emagrecimento de um mutante ob/ob, mas não de um mutante db/db? Por que o mutante db/db faz o mutante ob/ob emagrecer, e não o contrário? Por que o mutante db/db induz o emagrecimento do camundongo tipo selvagem? Antes de prosseguir a leitura do parágrafo a seguir, veja a Figura 13 e use os próximos cinco minutos para tentar postular uma hipótese de acordo com esses dados experimentais.

Olhe novamente para a tabela:

TABELA 3

para compartilhar o sangue	resultado
ob/ob e tipo selvagem	ob/ob emagrecia, tipo selvagem inalterado
db/db e tipo selvagem	tipo selvagem emagrecia, db/db inalterado
ob/ob e db/db	ob/ob emagrecia, db/db inalterado

Tal padrão de resultados indica que a proteína produzida pelo gene ob deve ser livre para circular pela corrente sanguínea e capaz de inibir o apetite ao ligar-se com uma

FIGURA 13. *O GENE OB* E *O GENE DB* FAZEM PARTE DE UM SISTEMA DE REGULAÇÃO DO APETITE, GASTO ENERGÉTICO E MATURAÇÃO SEXUAL. O GENE OB CODIFICA PARA A PROTEÍNA LEPTINA, E O GENE DB PARA A PROTEÍNA RECEPTORA DA LEPTINA. ESSE SISTEMA FOI DESCOBERTO A PARTIR DE RATOS MUTANTES, QUE APRESENTAVAM HIPERFAGIA E ACENTUADA OBESIDADE. OS EXPERIMENTOS DE PARABIOSE ESQUEMATIZADOS ACIMA PERMITIRAM AS PRIMEIRAS ESPECULAÇÕES SOBRE A NATUREZA DOS SINAIS PROTEICOS ENVOLVIDOS.

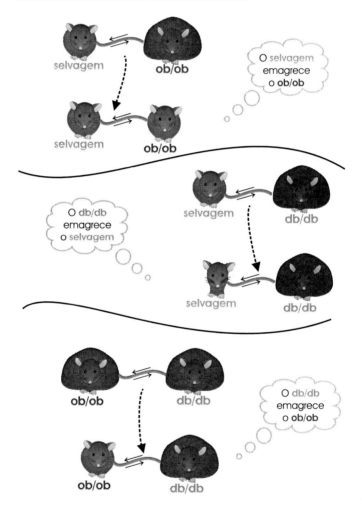

proteína receptora, o produto do gene db, talvez presente na membrana dos neurônios do hipotálamo. A proteína produto do *gene ob* seria, portanto, um *anorexigênico*, e a proteína do *gene db*, seu *receptor*. O camundongo ob/ob diminuiria de peso quando unido a um camundongo tipo selvagem porque a proteína funcional produzida pelo gene ob do tipo selvagem seria compartilhada pelo sangue com o mutante ob/ob, e poderia assim associar-se aos receptores db do mutante ob/ob, que são funcionais. O camundongo db/db não diminuiria de peso ao compartilhar o sangue de um camundongo tipo selvagem porque a mutação db destrói a proteína receptora, que não está livre no sangue do camundongo tipo selvagem, mas presa na membrana celular e, portanto, não pode substituir a que falta no camundongo db/db. No par formado pelos camundongos db/db e ob/ob, a proteína anorexigênica produzida pelo mutante db/db substitui, do mesmo modo que a do camundongo tipo selvagem, a deficiência no mutante ob/ob, e este emagrece. Nada acontece, no entanto, com o camundongo db/db. O fato de o camundongo tipo selvagem emagrecer ao compartilhar o sangue com um camundongo db/db indica, como uma possibilidade entre várias, que talvez a proteína anorexigênica seja produzida pelo tecido adiposo e que a quantidade produzida seja diretamente proporcional à massa total do tecido adiposo. Se for assim, o mutante db/db deve produzir tal sinal anorexigênico em grandes quantidades, já que tem grandes quantidades de tecido adiposo. Seria esse excesso de proteína anorexigênica a causa do emagrecimento do camundongo tipo selvagem.

Em 1994 o gene ob de camundongos e de seres humanos foi isolado. Seu produto final, o sinal anorexigênico, uma *proteína de 146 aminoácidos*, recebeu o nome de *leptina* (derivado da palavra grega *leptos*, que quer dizer magro). Descobriu-se que o principal produtor de leptina é o tecido adiposo, e quanto maior a massa do tecido adiposo, mais leptina é produzida. O gene db foi logo depois isolado. A proteína receptora codificada por ele, chamada de Ob-Rb (de receptor tipo b, para o produto do gene Ob), é uma *proteína integral de membrana com mais de mil aminoácidos* que está presente na membrana de neurônios de várias regiões do hipotálamo, o que os torna sensíveis à leptina. Os neurônios que produzem NPY e AgRP, dois sinais orexigênicos, ou seja, que provocam sensação de fome, são inibidos quando a leptina une-se ao receptor e diminuem a síntese tanto de NPY como de AgRP; ao contrário, os que produzem α-MSH e CART, dois sinais anorexigênicos, são estimulados e passam a produzir mais α-MSH e CART. Recentemente observou-se que a leptina pode inclusive alterar o padrão sináptico dos neurônios produtores de tais sinais, tornando mais excitáveis os que produzem α-MSH e CART e menos excitáveis os que produzem NPY e AgRP. *A leptina exerce assim controle sobre os mecanismos centrais nas sensações de fome/saciedade*. Há também receptores para a leptina nas membranas de células do sistema imune, nos hepatócitos, nos próprios adipócitos, nas células β do pâncreas produtoras de insulina e nas células musculares, entre outras, o que possibilita uma ação direta da leptina em regiões periféricas. Além disso, essa proteína afeta o metabolismo de tecidos periféricos por modular a atividade do sistema nervoso simpático e alterar a taxa de metabolismo basal, aquela taxa de gasto de energia associada à manutenção das atividades celulares essenciais.

Em resumo, *a leptina é um sinal de longo prazo produzido pelo tecido adiposo que informa ao sistema nervoso central a situação energética do organismo. Ela mostra se as reservas de gorduras são fartas ou escassas. Se forem escassas é necessário aumentá-las, e os baixos níveis de leptina induzem a sensação de fome e diminuem o metabolismo basal; se forem altas, pode-se diminuir a ingestão de alimento e os níveis elevados de leptina irão induzir a sensação de saciedade e aumento do metabolismo basal.*

Paulo é obeso porque não produz leptina. Ele é um mutante ob/ob. A ausência de leptina provoca nele a sensação ininterrupta de fome, hiperfagia e, consequentemente, obesidade. Se tratado com leptina, seu peso irá diminuir significativamente. Entretanto, casos de mutantes ob/ob são raros entre os humanos e a administração de leptina tem pouco efeito na reversão do quadro comum de obesidade. A regra é na verdade a concentração de leptina ser cada vez maior à medida que o caso de obesidade se torna mais grave. Isso faz das *pessoas obesas casos mais semelhantes aos mutantes db/db, de certo modo insensíveis ou resistentes à leptina*. A causa da grande maioria dos casos de obesidade em humanos é *bem mais complexa*, como veremos em breve. Mas antes, vamos lembrar de Sílvia. O que fez a jovem de 18 anos pesar apenas 32 quilos?

A anorexia é um distúrbio alimentar bem menos conhecido que a obesidade mórbida. Normalmente os pacientes anoréxicos apresentam temores excessivos de engordar e uma visão distorcida do próprio corpo, o que os impede de reconhecer o estado deplorável que atingiram e os mantêm forçando-se a descobrir sempre mais alguma região do corpo com excesso de gordura a ser eliminada. Vinte por cento dos casos de anorexia são fatais. O tratamento envolve acompanhamento psicológico e medicamentos normalmente usados no combate à depressão. Na obsessão por não parecerem gordos, os pacientes anoréxicos obrigam o próprio organismo a subverter a estratégia normal de fornecimento de energia que elegeu os carboidratos e lipídeos como os combustíveis principais. Num indivíduo que se alimenta regularmente, a glicemia sanguínea é mantida nos valores normais (*normoglicemia*) pelo carboidrato vindo diretamente da *refeição* por aproximadamente três horas. Após isso, o principal responsável pela normoglicemia passa a ser o *glicogênio hepático* que é despolimerizado e fornece ao sangue a glicose produzida. Após quatro horas sem se alimentar, o hepatócito aumenta a velocidade da *gliconeogênese*, que sintetiza glicose principalmente a partir de aminoácidos, que, após mais ou menos quinze horas de jejum, será a principal responsável pela manutenção da glicemia. Toda essa preocupação é necessária, vale repetir, pois o tecido nervoso e as hemácias, ao contrário dos músculos e do próprio fígado, não têm capacidade de degradar os ácidos graxos fornecidos ao sangue pelos adipócitos na situação de jejum. Esse padrão de *gliconeogênese e lipólise* característico do jejum é resultado da *diminuição* da *secreção insulina* e *aumento* da *produção* do hormônio *glucagon*, um peptídeo de 29 aminoácidos produzido pelas células α do pâncreas. À medida que a relação insulina/glucagon diminui (ou seja, cai a concentração de insulina e aumenta a de glucagon), nosso organismo se adapta à situação de baixa disponibilidade de nutriente. Favorece então as vias que mobilizam as reservas endógenas como glicogenólise (quebra de glicogênio) e lipólise (quebra de TAG) e inibe as vias de síntese de macromoléculas. O glucagon estimula a quebra do glicogênio e dos TAG de modo semelhante à adrenalina, por induzir a produção de AMP cíclico. No mesmo sentido, só que de modo mais prolongado e lento, age o cortisol, um hormônio derivado do colesterol, produzido pelo córtex da glândula adrenal. O cortisol induz um aumento na produção das enzimas da glicogenólise, lipólise e gliconeogênese. Num homem de 70 quilos, não obeso, o TAG responde por mais ou menos 85% das reservas de energia. As proteínas, principalmente as musculares, respondem por pouco menos de 15%, e as reservas de glicogênio e glicose sanguínea, por volta de 1%. Um indivíduo em repouso poderia se manter em jejum, só ingerindo água, por aproximadamente dois meses à custa das suas reservas de gordura. Esse período tão extenso só é possível porque *o cérebro adapta-se à situação de jejum e adquire a capacidade de aproveitar a energia dos corpos cetônicos produzidos pelo fígado da degradação de ácidos graxos*. Isso resolve um enorme problema do nosso metabolismo: nós conseguimos sintetizar níveis insignificantes de glicose a partir de TAG. Apenas o glicerol, que é menos de 5% da massa do TAG, é capaz de ser transformado em glicose pelo fígado. Essa quantia é insuficiente para manter a normoglicemia. O fígado fica obrigado desse modo a produzir glicose a partir dos aminoácidos liberados pela degradação das proteínas musculares. No entanto, dificilmente sobrevivemos quando mais de 50% da nossa massa muscular é consumida. Ao se adaptar ao consumo de corpos cetônicos, nosso cérebro diminui a necessidade de quebra de proteínas e prolonga o período de resistência ao jejum.

Esse é o quadro metabólico que devemos esperar encontrar em Sílvia: razão insulina/glucagon extremamente baixa, cortisol alto, reservas baixas de glicogênio hepático e muscular, tecido adiposo praticamente exaurido, baixa concentração de leptina, intensa degradação de proteínas musculares e alta concentração sanguínea de corpos cetônicos. Apesar de tudo isso, ela não sente fome. Muito provavelmente serão descobertas nos pacientes sofrendo de anorexia nervosa anomalias nos centros integradores hipotalâmicos das sensações de fome e saciedade. Já foi observada no sangue de pacientes anoréxicos a presença de anticorpos capazes de reconhecer regiões hipotalâmicas do cérebro de ratos. Abre-se assim a possibilidade de a anorexia ser uma doença autoimune. Mas devem-se esperar muitos avanços ainda para que a anorexia possa ser razoavelmente compreendida em nível molecular.

Obesidade, doenças cardiovasculares e diabetes tipo II

Em termos populacionais a obesidade é um problema muito maior que a anorexia. Enquanto a anorexia atinge níveis próximos a 1%, a obesidade atinge quase 30% da população dos Estados Unidos e 65% apresentam excesso de peso. Deve-se esperar que proporções semelhantes se repitam em outros países do primeiro mundo e nas classes economicamente mais favorecidas dos países do terceiro mundo. Juntamente com a obesidade, aumentam os riscos de hipertensão, doenças cardiovasculares e *diabetes mellitus tipo II*, caracterizada por altos níveis de glicose e insulina sanguíneas (hiperglicemia e hiperinsulinemia). Esse tipo de diabetes é conhecida também por *diabetes insulino-independente ou diabetes de manifestação tardia*, por ser diagnosticada normalmente na meia-idade. Nesses pacientes o pâncreas produz insulina, mas os adipócitos e músculos não respondem satisfatoriamente e mantêm baixas quantidades de GLUT4 na membrana plasmática. Os hepatócitos também deixam de responder à insulina e mantêm alta a velocidade da gliconeogênese. Consequentemente os níveis de glicose após uma refeição se mantêm elevados durante períodos maiores que os normais. Nas fases iniciais da doença, as células β do pâncreas conseguem compensar essa baixa sensibilidade dos tecidos periféricos produzindo mais insulina, mas se o quadro não for identificado e tratado, elas vão sendo gradativamente exauridas e o paciente passa a depender de injeções diárias de insulina, de modo semelhante aos pacientes que sofrem de diabetes tipo I.

No sangue dos indivíduos *obesos* é comum encontrar altas concentrações de ácidos graxos e de partículas compostas por proteínas e lipídeos envolvidas no transporte de TAG e *colesterol*. O colesterol é um lipídeo sintetizado por todos os tipos de célula que participa das membranas e é o precursor dos hormônios esteroides e sais biliares. Há vários tipos de partículas transportadoras de lipídeos, com diferentes composições proteicas, separadas quanto à densidade. Dois tipos dessas partículas merecem atenção especial – o *LDL* e o *HDL*. O primeiro está envolvido no transporte de colesterol de locais de síntese ou absorção como o fígado e intestino, para os tecidos periféricos. O segundo, HDL, transporta o excesso de colesterol dos tecidos periféricos de volta para o fígado. Existe uma relação direta entre a concentração de LDL e doenças coronarianas, enquanto para o HDL a relação é inversa. Ou seja, quanto maior a razão LDL/HDL, maior a possibilidade de o indivíduo desenvolver doenças coronarianas. Por isso o *LDL* é conhecido por *"colesterol mau"* e o *HDL* por *"colesterol bom"*. À medida que a disponibilidade de colesterol aumenta, os tecidos periféricos passam a captar LDL numa velocidade menor e o LDL permanece por períodos extensos na corrente sanguínea. Isso aumenta as chances de seus componentes se envolverem em reações com compostos de alta capacidade de oxidação derivados do oxigênio chamados *radicais livres*. As formas oxidadas de LDL são reconhecidas e fagocitadas por *macrófagos* que patrulham os vasos sanguíneos, fixos na parede do epitélio. Ali o processo de fagocitose de LDLs modificados vai ocorrendo e a parede do vaso assume uma aparência espumosa indicadora das futuras *placas ateroscleróticas* que surgirão. Elas diminuirão o calibre do vaso sanguíneo, podendo chegar ao entupimento total e à interrupção do fornecimento de oxigênio àquela região.

Os elevados níveis sanguíneos de ácidos graxos que encontramos em indivíduos obesos diminuem a velocidade de captação de glicose sanguínea. Após a descoberta da leptina, o tecido adiposo ganhou o caráter de tecido endócrino, capaz de produzir fatores que irão definir estados metabólicos de outros tecidos. Resistina, TNF-α e adiponectina são exemplos. No caso da adiponectina, há receptores transmembrânicos nos músculos esqueléticos e nos hepatócitos. Em indivíduos obesos, que apresentam resistência à insulina e diabetes tipo II, os níveis sanguíneos de adiponectina são baixos e a administração de adiponectina aumenta a velocidade de oxidação de ácidos graxos nos músculos e estimula a captação de glicose. A adiponectina é um candidato ao tratamento da diabetes mellitus tipo II resultante da obesidade.

Apesar de todas essas complicações, a epidemia de obesidade é evidente. Mais grave ainda é como a população infantil está sendo atingida. Parece que nosso sistema de controle do balanço energético não é suficiente para evitar o acúmulo excessivo de gordura no estilo de vida escolhido por grande parte do mundo ocidental. O controle exercido pela leptina aparentemente é mais eficiente em evitar a inanição, quando cai de concentração no sangue e induz de modo crônico os sistemas centrais da sensação de fome. Que a obesidade é uma moléstia com predisposição genética não há dúvida. *Mas a maior atenção deve ser dada à determinação cultural.* Populações que mudam de costumes abruptamente e adotam os padrões de comportamento e a dieta normal dos países do Ocidente apresentam surtos de obesidade e diabetes tipo II. Há exemplos de populações onde isso ocorreu que têm atualmente incidência de até 50% de diabetes tipo II, com todas as complicações relacionadas. Postula-se que, durante a evolução, nosso metabolismo tentou responder às necessidades de um padrão comportamental nômade, de elevada atividade física e que teve de tornar nosso organismo apto a enfrentar períodos de falta de alimentos. Em tal situação, aqueles indivíduos com capacidade de armazenar maiores quantidades de gordura durante os períodos de grande disponibilidade de nutrientes teriam maiores chances de sobreviver às fases de escassez.

Nosso controle de balanço energético evoluiu para permitir o armazenamento excessivo de energia, ou melhor, gordura. Chamamos hoje em dia essa característica de "genótipo poupador" ou "genótipo previdente" (*thrifty genotype*). É como se todos nós tivéssemos sido moldados pela evolução para termos uma tendência natural para engordar. Tal propensão, no entanto, tornou-se desvantajosa na situação atual em que o sedentarismo é a regra e a disponibilidade de alimentos é permanente. Indivíduos de países do primeiro mundo estão longe de enfrentar fases de "vacas magras". Pelo contrário, para eles existe abundância, fartura e diversidade impressionantes de alimentos. A indústria ainda expande o estilo consumista da nossa sociedade à área alimentar e vivemos pressionados, pela propaganda constante e por sabores e aromas cada vez mais irresistíveis, a comprar mais e mais comida! Em nenhum outro campo o estilo consumista é mais danoso. É importante agora descobrirmos quais as características genéticas e comportamentais dos indivíduos que resistem à obesidade mesmo compartilhando do nosso mesmo ambiente cultural. Neles devemos encontrar a chave para sairmos desse grande dilema. Falta saber se, uma vez encontrada a chave, teremos força (de vontade) para abrirmos a porta e sair.

Programação metabólica

Alimentar-se bem é especialmente importante para mulheres grávidas. Deficiências nutricionais nessa fase provocam abortos espontâneos, formação deficiente de alguns órgãos e baixo peso do recém-nascido. No final da década de 1980, David J. P. Barker propôs que bebês não prematuros nascidos abaixo do peso normal apresentariam más-formações ocultas que na vida adulta iriam provocar doenças cardiovasculares, diabetes tipo II, hipertensão e obesidade. Essa proposta é conhecida como a "hipótese da origem fetal". Em animais experimentais existem períodos durante a gravidez e imediatamente posteriores ao nascimento nos quais o teor calórico e a relação proteína/carboidrato da alimentação da mãe ou do recém-nascido predispõem o padrão metabólico futuro da prole. É razoável imaginarmos que o padrão hormonal de uma mulher grávida induzido pela dieta e características da própria dieta alterem a diferenciação de órgãos do feto com função endócrina ou redefinam sutilmente a organização básica dos circuitos neuronais hipotalâmicos. Qualquer que seja a situação, o filho nascerá "pré-orientado" quanto às respostas hormonais ou quanto ao balanço energético ideal. Se for uma filha, ao engravidar ela pode expor o novo feto a um padrão hormonal ou de dieta de novo anormais, que podem reorientar o padrão metabólico do bebê. Estará correta a "hipótese da origem fetal"? Talvez cheguemos à conclusão que para evitar a obesidade o nutricionista tem que começar a trabalhar nove meses antes da primeira refeição do seu paciente.

■

GLOSSÁRIO

Acidose: situação em que a capacidade do sangue de resistir a mudanças de pH diminui, normalmente por causa da elevada produção de H+.

Actina: proteína que compõe o filamento fino das células musculares e o citoesqueleto das células eucarióticas.

Adipócito: célula especializada no armazenamento de gorduras (triacilgliceróis).

Aeróbio: processo que requer ou ocorre na presença de oxigênio.

Alelos: dois genes, um de origem paterna e outro de origem materna, que definem os caracteres genéticos de cada indivíduo.

Alosteria: propriedade das enzimas que têm a atividade alterada pela ligação de uma molécula em um sítio diferente do local onde se ligam os substratos. Um dos principais mecanismos de regulação do metabolismo.

Aminoácidos essenciais: aminoácidos que não podem ser sintetizados pelo organismo e, portanto, devem ser necessariamente obtidos da dieta.

AMP cíclico: mensageiro intracelular da ação de alguns hormônios, como a adrenalina e o glucagon. Produzido a partir do ATP pela ação da enzima adenilato ciclase.

Anaeróbio: processo que ocorre na ausência de oxigênio.

Anticorpos: proteínas de defesa sintetizadas pelo sistema imune de vertebrados.

Apoptose: morte celular programada, sinalizada por moléculas externas ou resultante do próprio ciclo de diferenciação; realizada por meio da degradação sistemática das macromoléculas celulares.

ATP (adenosina trifosfato): ribonucleosídeo 5' trifosfato que funciona fundamentalmente como doador de fosfatos no metabolismo; atua na geração do intermediário comum, que acopla reações endergônicas e exergônicas, gerando uma terceira reação exergônica.

Carboidratos: compostos orgânicos derivados poli-hidroxilados de aldeídos ou cetonas, utilizados pela célula principalmente para o fornecimento de energia e para fins estruturais. Glicose, ribose, frutose, sacarose, amido, glicogênio são alguns exemplos de carboidratos.

Ciclo de Krebs: conjunto de reações enzimáticas que oxidam grupamentos acetil a dióxido de carbono; também conhecido como ciclo do ácido cítrico, do citrato, do ácido tricarboxílico ou do oxaloacetato.

Coenzimas: cofatores orgânicos necessários para a ação de algumas enzimas, das quais nunca se desassociam.

Diabetes melittus: disfunção do metabolismo dos carboidratos, resultante da deficiência (tipo I) ou da resistência à insulina (tipo II); caracterizada pela elevada concentração sanguínea de glucose ou insulina.

Enzimas: proteínas que catalisam uma reação química.

Ergogênicos: substâncias com capacidade de aumentar o poder de geração ou aproveitamento de energia do organismo.

Glicemia: concentração de glicose no sangue.

Glicólise: via metabólica que degrada a molécula de glicose em duas moléculas de piruvato (glicólise aeróbia) ou lactato (glicólise anaeróbia).

Homeostase: equilíbrio dinâmico do organismo, mantido por mecanismos de regulação capazes de compensar mudanças externas.

Hormônios: mensageiros químicos sintetizados em pequenas quantidades por tecido endócrino e transportados pelo sangue para outros tecidos, onde regulam a função do órgão ou tecido-alvo.

Lipídeos: compostos orgânicos normalmente conhecidos por gorduras. Insolúveis em água, têm várias ações no organismo, como composição de membranas (exemplos: fosfolipídeos e glicolipídeos), sinalização (hormônios eicosanoides) e armazenamento de energia (triacilgliceróis).

Lipossomos: pequenas vesículas esféricas de limites compostos por uma bicamada de fosfolipídeos.

Metabolismo: conjunto de transformações que ocorrem nas células; geralmente dividido em anabolismo (síntese) e o catabolismo (degradação).

Metástase: capacidade que as células cancerosas têm de se espalhar por outros tecidos diferentes do foco do tumor inicial, através dos sistemas de circulação linfático ou sanguíneo.

Mitocôndrias: organelas presentes no citoplasma de células eucarióticas, que possuem os sistemas enzimáticos necessários ao ciclo de Krebs, a oxidação de ácidos graxos, a transferência de elétrons e a fosforilação oxidativa.

Proteassoma: complexo enzimático que atua na degradação de proteínas.

Proteínas: polímero de aminoácidos que, dependendo da sequência, apresenta ações catalíticas, estruturais, sinalizadoras ou de proteção.

Radicais livres: qualquer espécie de existência independente, que possua um ou mais elétrons desemparelhados. Os mais comuns são os derivados do oxigênio molecular.

Receptores: proteínas capazes de ligar-se aos hormônios com grande afinidade e propagar a resposta celular deflagrada pelo estímulo hormonal, num processo denominado transdução de sinal.

Ribossomos: complexo molecular formado por RNAs ribossomais e proteínas; local onde ocorre a síntese de proteínas.

VO2 máximo: maior velocidade de consumo de oxigênio que o organismo é capaz de atingir.

■

SUGESTÕES DE LEITURA

MARZZOCO, A.; TORRES, B. B. *Bioquímica básica*. 3.ed. São Paulo: Guanabara Koogan, 2007.
Um livro excepcional que consegue apresentar de modo organizado e objetivo os pontos mais importantes da bioquímica, com especial ênfase no organismo humano. Uma leitura obrigatória.

WHITNEY, E.; SIZER, F. *Nutrição: conceitos e controvérsias*. 8.ed. Barueri: Manole, 2002.
Esse texto é muito bem elaborado, destaca as "polêmicas" nutricionais mais atuais e aborda a questão das dietas da moda, sempre com o suporte bioquímico necessário. Tudo isso complementado por uma composição gráfica de primeira categoria.

COSTILL, D. L.; WILMORE, J. H. *Fisiologia do esporte e do exercício*. 4.ed. Barueri: Manole, 2010.
Um clássico da fisiologia do exercício. Quem se interessa por esporte e bioquímica encontrará aqui discussões muito interessantes que vão desde estratégias de treinamento até adaptações metabólicas e celulares. É leitura indispensável para todos os que trabalham na área de educação física.

AGUZZI, A.; POLYMENIDOU, M. Mammalian Prion Biology: One Century of Evolving Concepts. *Cell*, Cambridge, v.116, p.313-327, 2004.
Uma revisão aprofundada sobre as doenças provocadas por príons. Para compreender esse texto, assim como os dois a seguir, é necessário uma familiaridade maior em bioquímica. Se você já tem um livro de bioquímica, estude a seção de estrutura proteica, e aí sim leia esta revisão. Ela aborda de modo rigoroso o desenvolvimento do conceito de príon, e discute as hipóteses de propagação e barreira interespécie. Digamos que é um texto para o segundo ou terceiro ano da faculdade de Biologia.

HANAHAN, D.; WEINBERG, R. A. The Hallmarks of Cancer. *Cell*, Cambridge, v.100, p.57-70, 2000.
Uma revisão que expõe de forma clara a enorme quantidade de informações e a intrincada rede de eventos subjacente ao

surgimento e ao funcionamento de uma célula cancerosa. É interessante ler com um livro bem recente de biologia celular do lado. Também um texto para leitores já com formação sólida em bioquímica ou genética molecular.

FLIER, J. S. Obesity Wars: Molecular Progress Confronts an Expanding Epidemic. *Cell*, Cambridge, v.116, p.337-350, 2004. Nestes tempos de comida fácil e repouso mais fácil ainda, é bom termos uma ideia da real ameaça que a epidemia mundial, ou pandemia, de obesidade nos apresenta. Esse texto discute possíveis respostas científicas aos "por quês" da pandemia e aos "comos" poderemos controlá-la. Um bom livro de fisiologia e de biologia molecular ao lado auxiliará bastante na leitura.

■

SOBRE O LIVRO

Formato: 12 x 21 cm
Mancha: 21,3 x 39 paicas
Tipologia: Fairfield LH Light 10,7/13,9
Papel: Offset 75 g/m² (miolo)
Cartão Supremo 250 g/m² (capa)
1ª edição: 2014

EQUIPE DE REALIZAÇÃO

Capa
Isabel Carballo

Edição de Texto
Luís Brasilino (Preparação de texto)
Carmen Costa (Revisão)

Editoração Eletrônica
Eduardo Seiji Seki (Diagramação)

Assistência Editorial
Alberto Bononi

Impressão e acabamento